甘肃电网调度控制管理规程

（2025 版）

国网甘肃省电力公司　发布

图书在版编目（CIP）数据

甘肃电网调度控制管理规程：2025 版 / 国网甘肃省电力公司发布. -- 北京：中国电力出版社，2025. 6.
ISBN 978-7-5239-0197-7

Ⅰ. TM727.2-65

中国国家版本馆 CIP 数据核字第 2025G3X581 号

出版发行：中国电力出版社
地　　址：北京市东城区北京站西街 19 号（邮政编码 100005）
网　　址：http://www.cepp.sgcc.com.cn
责任编辑：安小丹　孙建英　娄雪芳
责任校对：黄　蓓　郝军燕
装帧设计：张俊霞
责任印制：吴　迪

印　　刷：三河市万龙印装有限公司
版　　次：2025 年 6 月第一版
印　　次：2025 年 6 月北京第一次印刷
开　　本：787 毫米×1092 毫米　16 开本
印　　张：4.375
字　　数：111 千字
印　　数：0001—4000 册
定　　价：30.00 元

批准 张祥全

审定 杨春祥 李玉杰

审核 李承印 杨贤明 马 乐 李万伟 秦 睿
赵 剑 康 毅 张晓斌

编写 刘克权 汤 文 李毓中 雷 绅 段瑞超
魏 博 韩杰祥 吴 锋 梅 姚 倪赛赛
庞晓东 张宪康 陈 钊 王 铮 刘宗洋
孙向聚 王玉亭 刘 齐 尚波涛 郭九瑜
李得龙 李振宇 张哲维 王新炜 边 晖
王世伟 马丽娜 徐 磊 韩 永 王 霖
李延栋 南岩玮 武 艺 马强平 侯锐杰
吴 斌 徐宏雷 韩 杰 张烜榕 呼鹏伟
刘丹丹 张鹏远 吴国栋 马 寅 周 昭
姚 巽 周亚维 李文辉 龙 杰 李春华

目　录

第一章　总　　则

1.1　为加强甘肃电网调度管理工作，加快构建新型电力系统，确保甘肃电网安全、经济、优质运行，根据《中华人民共和国电力法》《电网调度管理条例》《电力监管条例》《中华人民共和国网络安全法》等法律法规及《电力系统安全稳定导则》《电网运行准则》《国家电网调度控制管理规程》等有关文件、标准、规定，结合甘肃电网具体情况制定本规程。

1.2　本规程所称"甘肃电网"是指国网甘肃省电力公司经营区域内的电网，以及并入电网的发电、输变电、配电、用电等所有一次设施及相关的继电保护、安全自动装置、通信、自动化、网络安全等二次设施构成的整体。

1.3　甘肃电网运行遵循"统一调度、分级管理"的原则。

1.4　电网调度系统包括各级电力调度机构（简称调度机构）和有关发电、输变电、配电、用电等环节中与电网调度生产工作密切相关的运行值班单位和设备运维单位。调度机构是电网运行的组织、指挥、指导、协调机构，甘肃电网设置三级调度机构，即：

甘肃电力调度中心（简称省调）；

地市（州）电力调度中心（简称地调）；

县电力调度中心、配网电力调度中心［简称县（配）调］。

1.5　各级调度机构在电网调度业务活动中是上下级关系，下级调度机构必须服从上级调度机构的调度。有关发电、输变电、配电、用电等环节中与电网调度生产工作密切相关的运行值班单位和设备运维单位，必须服从调度机构的调度。

1.6　本规程适用于甘肃电网的调度管理、电力保供、运行控制、设备操作、故障处置、清洁能源消纳、电力现货及辅助服务市场管理、新型储能调度管理、电力监控系统网络安全、电力通信管理等涉及调度控制的专业活动。甘肃电网内各电力生产运行单位颁发的有关电网调度控制的规程、规定等，均不得与本规程相抵触。

1.7　与甘肃电网运行有关各级调度系统的运行、管理人员均须遵守本规程；非甘肃电网调度系统人员涉及甘肃电网调度控制的有关活动也均须遵守本规程。

1.8　各级调度机构应严格按照本规程及上级调度规程编制本级调度规程。

1.9　本规程所称的“以上”，均包含本数或者本级；所称的“以下”，不包含本数或者本级。

1.10　本规程的解释权和修订权属国网甘肃省电力公司。

第二章　调度管理任务与职责

2.1　调度管理的任务和组织形式

2.1.1　电网调度管理的任务是组织、指挥、指导和协调电网的运行和操作，保证实现下列基本要求。

2.1.1.1　按照电网的客观规律和有关规定，使电网连续、稳定、正常运行，最大范围优化配置资源，保障电力有序可靠供应，最大限度满足用户用电的需求。

2.1.1.2　使电网的电能质量（频率、电压、谐波分量）符合国家标准。

2.1.1.3　发挥市场在电力资源优化配置中的作用，提升电力系统整体运行效率。

2.1.1.4　落实能源清洁低碳转型要求，健全电网调度系统机制流程，提升灵活调节能力，服务清洁能源高质量发展。

2.1.2　甘肃电网各级调度机构是本级电网经营企业的组成部分，既是生产运行机构，又是电网运行管理的职能部门，依法在电网运行中行使调度权。

2.2　调度管辖范围及划分原则

2.2.1　调度管辖范围

2.2.1.1　调度管辖范围（简称调管范围）是指调度机构行使调度指挥权的发、输、变电系统，包括直接调度管辖范围（简称直调范围）和许可调度管辖范围（简称许可范围）。

2.2.1.2　调度机构直接调度指挥的发、输、变电系统属直调范围，对应设备称为直调设备。

2.2.1.3　下级调度机构直调设备运行状态变化对上级或同级调度机

构直调发、输、变电系统运行有影响时，应纳入上级调度机构许可范围，对应设备称为许可设备。上级调度机构只许可设备的运行状态变化，具体包括：常规发电设备的运行、备用或检修，新能源场站及储能电站的总体出力安排，输变电设备的带电或停电安排。

2.2.1.4　上级调度机构根据电网运行需要，可将直调范围内发、输、变电系统授权下级调度机构调度。

2.2.2　发电设备调管范围划分原则

2.2.2.1　省调直调范围

1）单机容量 100 兆瓦以上、600 兆瓦以下的火电机组。

2）上网线路接入 330 千伏、220 千伏电网的水电厂发电机组，黄河干流梯级水电厂发电机组（刘家峡水电厂机组除外）。

3）单机容量 10 兆瓦以上的光热机组。

4）风电场风电机组。

5）10 千伏以上电压等级集中式并网的光伏电站光伏矩阵，35 千伏并网的分布式光伏电站光伏矩阵。

6）独立储能电站储能单元、新能源配建储能单元。

7）上级调度机构授权的发电设备。

8）直流配套电源发电设备调管权按上级调度规定执行。

2.2.2.2　省调授权调度范围

接入 35 千伏～110 千伏电网的扶贫光伏电站，其光伏矩阵全部授权相关地调直接调管。

2.2.3　输变电设备调管范围划分原则

2.2.3.1　省调直调范围

1）750 千伏公网变电站内所有 330 千伏设备，包括 330 千伏母线、开关、高抗等（750 千伏主变中压侧开关除外）。

2）330 千伏输电线路（公网线路、330 千伏水电、火电、新能源/储能升压站上网线路、用户专线、牵引变线路）。

3）330 千伏公网变电站内所有 330 千伏设备，包括 330 千伏母线、开关、高抗等（330 千伏主变高压侧若为单开关接入的，该开关由相应地调调管）。

4）330 千伏用户专用变内 330 千伏母线、开关（330 千伏主变、整流变、动力变高压侧为单开关接入的，该开关由用户调管）。

5）330 千伏牵引变电站内 330 千伏线路刀闸及接地刀闸（其中 330 千伏南华镇牵引变含 3300 开关及两侧刀闸、接地刀闸）。

6）330 千伏、220 千伏水电厂、火电厂升压站设备，包括母线、开关、升压变、启备变、高抗等（连城电厂升压站设备、刘家峡水电厂发变组、碧口水电厂 110 千伏及 35 千伏设备除外）。其余直调水电厂、火电厂、光热电站只调管机组出口开关、发变组开关（包括连城电厂发变组开关）。

7）220 千伏水电厂、火电厂上网线路（连城电厂上网线路除外）。

8）接入银城变 220 千伏母线的所有公网输变电设备，包括 220 千伏线路、母线、开关等（银城变 220 千伏母线及主变中压侧开关除外）。

9）“天（麦）晒都—天杏成碧”系统内所有 220 千伏公网输变电设备，包括 220 千伏线路、串补、母线、开关等（220 千伏早阳变主变高压侧开关及用户专线开关除外）。

10）上级调度机构授权的输变电设备。

2.2.3.2　省调许可范围

1）先锋—海石湾 330/220 千伏电磁环网内的 220 千伏线路。

2）海石湾—炳灵 330/220 千伏电磁环网内的 220 千伏线路。

2.2.4　新能源升压站/汇集站设备调管范围划分原则

2.2.4.1　省调直调范围

1）330 千伏新能源/储能升压站内 330 千伏母线、开关（不含主变高压侧开关），无功补偿装置及开关（SVG、SVC、调相机等）。

2）330 千伏新能源/储能升压站内主变电压等级为 330/35 千伏的，主变及各侧开关由省调直接调管；35 千伏母线、集电线路及开关、站用变、接地变由升压站自行调管，其中接地变由省调许可。

不同主变间35千伏母线母联开关由升压站自行调管、省调许可。

2.2.4.2　地调直调范围

1）330千伏新能源/储能升压站内主变电压等级为330/110/35千伏或330/110千伏的，主变及各侧开关、110千伏母线、110千伏线路及开关、35千伏母线均由相应地调直接调管，站用变由升压站自行调管。

2）110千伏新能源升压站内110千伏母线上网线路及两侧间隔、110千伏母线、主变及无功补偿装置由相应地调直接调管，其余设备由升压站自行调管，接地变由地调许可。

3）35/10千伏新能源升压站/汇集站内35/10千伏上网线路及两侧间隔、母线、无功补偿装置由相应地调直接调管，其余设备由升压站/汇集站自行调管，接地变由地调许可。

2.2.5　继电保护、安全自动装置、调度自动化、通信、电力监控系统网络安全等二次设备调管范围原则上与一次设备一致。

2.2.6　有关设备调管范围明细按相应调度机构下发文件执行。

2.3　省调主要职责

2.3.1　落实国调及西北网调专业管理要求，组织实施省级电网调度专业管理，包括调度运行、调度计划、运行方式、电力市场、继电保护、水电及新能源、调度自动化、电力通信、网络安全等管理。

2.3.2　负责调管范围内电网调度运行管理，指挥直调范围内电网的运行、操作和故障处置。当危及主网安全时，省调有权越级调度，但事后应尽快通知相应的下级调度机构。

2.3.3　负责制定甘肃电网紧急事故情况下限电序位表，经省级人民政府主管部门批准后执行。

2.3.4　组织开展调管范围内故障分析，参与电力安全事故事件调查，提出改善电网安全稳定运行的措施。

2.3.5　组织编制并执行调管范围内甘肃电网运行方式、继电保护及安全自动装置整定和运行方案，审核各地区电网运行方式、继电保护及安全自动装置整定和运行方案。

2.3.6　负责甘肃电网稳定管理，制定并组织实施直调范围内输电断面的稳定限额和安全稳定措施。

2.3.7　负责省级控制区联络线关口控制，参与电网频率调整。

2.3.8　负责直调范围内无功管理与电压调整。

2.3.9　负责直调范围内网源协调管理，落实政府主管部门和监管机构管理要求，开展直调范围内涉网二次系统技术监督，组织有关提高系统安全、稳定、经济运行的科研试验。

2.3.10　负责制定甘肃电网调管范围的划分原则。

2.3.11　受理并网申请，编制新（改、扩）建设备启动调试方案并组织落实。

2.3.12　组织开展甘肃电网年度、月度、日前电力电量平衡分析。

2.3.13　组织制定调管范围内设备年度、月度、日前检修计划，受理并批复调管范围内设备检修申请，并进行电网风险评估。

2.3.14　负责省内电力现货市场及辅助服务市场建设、运营，负责电力交易安全校核、市场监测和风险防控。负责组织省内经营主体参与省间电力现货市场、区域辅助服务市场。

2.3.15　负责按照有关规定披露和报送电网运行相关信息，提供支撑市场化交易以及市场服务所需相关数据，按照国家网络安全有关规定与电力交易机构进行数据交互，承担保密义务。

2.3.16　负责组织开展直调范围内电网继电保护和安全自动装置定值的整定计算，负责直调范围内电网继电保护、安全自动装置、调度自动化系统的运行管理及网络安全管理，处置电力系统网络安全事件。负责对直调范围内继电保护和安全自动装置缺陷管理情况进行监督。

2.3.17　负责收集、报送、统计、分析和监测省内燃煤发电企业电力燃料数据。负责联系地方能源主管部门，核查督导省内燃煤发电企业燃料供、耗、存情况。

2.3.18　负责组织开展省内清洁能源消纳工作，负责直调范围内源、网、荷、储资源的统一优化调度。

2.3.19　负责组织省内各级调度机构开展微电网、虚拟电厂、新型储能等新型并网主体调度管理。

2.3.20　负责编制直调范围内水电站发电调度方案，参与协调水电站发电与防洪、防凌、排沙、供水等方面的关系。指导地调开展水电调度工作。

2.3.21　负责电力通信网规划、建设、运行、安全、资源、技术的管理。

2.3.22　负责编制、签订直调范围内并网主体并网调度协议并严格执行。

2.3.23　负责市（州）调度机构值班人员、直调范围内厂（场）站运行值班人员、设备运维单位值班监控人员（简称值班监控员）、输变电设备运维人员持证上岗管理。

2.3.24　负责贯彻并组织实施上级有关部门制定的有关标准和规定，制定和修改甘肃电网有关规章制度。

2.3.25　参与甘肃电网发展规划、系统设计和有关工程项目的设计审查，编制省级电网调度运行专业规划。

2.3.26　行使政府部门以及上级调度授予的其他职责。

2.4　地调主要职责

2.4.1　落实省调专业管理要求，负责地区电网调度专业管理，包括地区电网调度运行、调度计划、运行方式、继电保护、水电及新能源、调度自动化、网络安全等管理。组织县（配）调实施主配协同运作。

2.4.2　负责所辖电网设备的运行、操作和事故处理，协调上级调度许可调管设备的运行、操作和事故处理。

2.4.3　组织编制并执行所辖电网的运行方式、继电保护及安全自动装置整定和运行方案，审核所辖县级电网运行方式、继电保护及安全自动装置整定和运行方案。

2.4.4　组织开展调管范围内故障分析，参与电力安全事故事件调查，提出改善电网安全稳定运行的措施。

2.4.5　负责调管范围内的无功管理与电压调整。

2.4.6　负责直调范围内网源协调管理，落实政府主管部门和监管机构管理要求，开展直调范围内涉网二次系统技术监督。

2.4.7　负责编制调管范围内的年度、月度及日前调度计划；制订调管范围内年度、月度停电计划，负责受理并批准调管范围内设备检修申请。

2.4.8　负责组织开展直调范围内电网继电保护和安全自动装置定值的整定计算，负责直调范围内电网继电保护、安全自动装置、调度自动化系统的运行管理及网络安全管理，处置电力系统网络安全事件。负责对直调范围内继电保护和安全自动装置缺陷管理情况进行监督。

2.4.9　负责调管范围内源、网、荷、储资源的统一优化调度，落实省调对电网安全运行、电力保供、清洁能源消纳等工作要求。

2.4.10　按照调管范围开展地区电网分布式电源、储能等新型并网主体调度管理。

2.4.11　负责制定直调范围内水电站发电调度方案，指导县（配）调开展水电调度工作。

2.4.12　负责编制、签订直调范围内并网主体并网调度协议并严格执行。

2.4.13　负责县（配）调度机构值班人员、直调范围内厂（场）站运行值班人员、值班监控员、输变电设备运维人员的持证上岗管理。

2.4.14　参与地区电网发展规划、配电网发展规划、工程设计审查等，提出专业意见。

2.4.15　行使政府部门以及上级调度授予的其他职责。

2.5　县（配）调主要职责

2.5.1　落实省调、地调专业管理要求，负责县域（城区）配网调度专业管理，负责县域（城区）配网调度运行。

2.5.2　负责直调范围内源、网、荷、储资源的统一优化调度，落实省调、地调对电网安全运行、电力保供、清洁能源消纳等工作要求。

2.5.3　负责配电网调度侧数据管理。负责配网调度业务在配网 OMS 调度模块的应用，落实配网调度运行相关指标的管控措施。

2.5.4　指挥直调范围内设备的运行、操作和事故处理；负责直调范围内配电网的安全运行及管理。

2.5.5　负责本级调度应急管理及专业合规管理。配合上级部门修编归口技术规程，制定业务流程，贯彻落实上级部门制定的有关标准和规定。

2.5.6　负责开展直调范围内分布式电源、储能等新型并网主体的调度管理。

2.5.7　负责直调范围内配电网检修计划管理及执行。

2.5.8　负责配合编制并执行直调范围内配电网的运行方式、继电保护及安全自动装置整定和运行方案。

2.5.9　负责对直调范围内变电站、开关站（开闭所）、配电室、环网单元、电缆分接（支）箱、配电线路柱上断路器、分界开关保护定值进行整定计算工作，负责用户、并网电厂（场、站）、虚拟电厂等新型并网主体定值的备案管理，并对整定通知单的执行情况定期组织检查。

2.5.10　负责编制或执行直调范围内新（改、扩）建设备的启动并网方案，并指挥新建、改建和扩建设备接入系统运行。

2.5.11　参与调查、分析直调范围内的设备事故，提出并组织实施改善配电网安全运行的措施。

2.5.12　负责编制、签订直调范围内并网主体并网调度协议并严格执行。

2.5.13　参与直调范围内配电网发展规划、系统设计、有关工程项目的设计审查并提出相应的意见和建议。

2.5.14　依据有关规定对配电网安全运行有重大影响项目实施技术监督，组织并参与有关提高系统安全、稳定、经济运行的科研试验，以及新技术的推广应用。

第三章 调度计划及现货市场、辅助服务市场管理

3.1 调度计划管理

3.1.1 调度计划的编制和管理

调度计划包括发输变电检修计划和发输电计划。调度机构按照保安全、稳供应、促消纳的原则，统筹制定年度、月度、日前发输变电检修计划及发输电计划。

3.1.2 发输变电检修计划管理

3.1.2.1 各级调度机构按调管范围负责发输变电设备检修计划管理，许可设备检修需经上级调度机构批准。下级调度机构的检修工作应适应上级调度机构的检修工作要求，必要时上级调度机构可调整下级调度机构的检修工作。

3.1.2.2 启动调试过程中需配合停电的设备，须纳入检修计划管理。

3.1.2.3 各单位应严格按照年度、月度及日前生产计划编制检修计划并按规范上报，各级调度机构按相关管理流程进行批复。

3.1.2.4 检修计划制定须统筹考虑电网安全、电力保供和清洁能源消纳，并满足有功、无功备用裕度和输变电容量裕度的要求。当电网运行状况发生变化导致电网有功备用裕度不足或电网受到安全约束时，调度机构应对相关的检修计划进行必要的调整。

3.1.2.5 检修计划编制应做到相互配合。即电源和用电、发电和输变电、送受端电网和跨区跨省通道、高压电网和低压电网、交流输电和直流输电、主机和辅机、一次设备和二次设备、常检和基建、电网和电源、电网和用户检修及各单位之间的相互配合。

3.1.2.6 迎峰度夏、迎峰度冬等重要电力保供期及重要节假日、重大活动等保电时段，原则上不安排影响主网供电能力的计划检修。

3.1.2.7 年度检修计划管理：

1）年度检修计划制定应遵循“安全第一、预防为主”的方针，合理安排技改大修、基建工程、投产调试等相关检修工作，满足电网安全稳定运行的要求。

2）年度检修计划应充分考虑电力保供、人员承载能力、设备供货等影响，年度检修计划确定后，原则上不得进行跨月调整。

3）各级调度机构应于每年12月31日前下发次年度检修计划及电网风险评估报告，并向并网主体进行信息披露。

3.1.2.8　月度检修计划管理：

1）月度检修计划编制以年度检修计划为基础。列入年度检修计划的检修项目在既定月份优先列入月度检修计划并组织实施。月度检修计划确定后，原则上不得进行调整。

2）未列入年度检修计划的输变电设备检修计划，应严格执行月度检修计划调整审批流程，经专业部门会签批准后可以列入月度检修计划。

3）因自身原因未列入年度检修计划或年度检修计划跨月调整、延长检修时间、增加工作内容的并网主体检修计划，在满足电网安全校核、电力电量平衡的前提下，经调度机构同意后可列入月度检修计划，并按相关规定进行考核。

4）每月最后一个工作日前，各级调度机构将月度检修计划正式行文下发，同步向并网主体进行信息披露。

3.1.2.9　周检修计划管理：

1）周检修计划以月度检修计划为基础。二次设备检修工作不纳入年月检修计划管理，需纳入周检修计划并经审批后，按日组织实施。

2）周设备检修计划确定后，原则上不得进行调整。

3.1.2.10　日前检修计划管理：

1）日前检修计划编制以周检修计划为基础。

2）已批准的日前检修计划，因现场原因不能按期开工时，检修申请单位必须在日前检修票批复的检修开工时间6小时前向值班调度员申请改期或取消。该设备如需再停电，则必须重新办理检修计划申请。

3）已开工的日前检修计划不得擅自延期，因故不能按期竣工的，在原批准的计划工期过半前办理延期手续。计划检修票只能办理一次延期。临时检修票不允许延期。若无法按时完工，需重新办理检修计划申请。

4）已开工的日前检修工作，严禁增加工作内容。

5）严禁未经办理申请、未获批准、未经允许擅自在已停电的设备上进行工作。

6）需退出线路重合闸的线路带电作业按日前检修计划检修申请单申请工作。

7）值班调度员可根据系统运行情况批准24小时内能完工的设备异常后的紧急处理以及设备故障停运后的紧急抢修。设备非计划检修后 24 小时内无法完工的，相关单位应按故障抢修向调度机构补报检修工作票申请。

8）调度机构应按现货市场信息披露相关要求及时、准确披露日前检修计划及调整信息。

3.1.3 发输电计划管理

3.1.3.1 一次能源综合协调管理

1）燃料管理范围按照“属地管理、分级预警”划分，省调负责全省燃煤电厂燃料数据收集、报送，按照调管范围进行数据统计、分析、监测，依据相关标准发布预警。省调负责向本省能源主管部门报送燃料预警措施及建议。

2）燃煤电厂应按相关规定做好燃料储备工作，当燃料库存低于预警标准时，应及时向调度机构报告。

3）燃煤电厂燃料中长期合同应满足对应时间周期内的电量销售合同，现货合同应满足中长期电量合同之外的新增发电需求，煤质应满足顶峰发电需求。

4）燃煤电厂电煤库存可用天数应满足国家相关标准要求，并考虑恶劣天气导致的运力不足、厂外煤转运困难等突发因素。与发电企业签订供煤合同的煤矿发生停产或产能下降等情况，发电企业应尽快落实其他煤源。

5）燃煤电厂应按规定向调度机构报送电煤供应量、消耗量、库存量（包括厂外存煤及代储煤）、入厂热值、样本电厂到厂价格、可用天数、缺煤无法运行机组台数及对应发电容量等信息。

6）甘肃省内待投产、在运、自备及应急电源等起保供作用的电厂应纳入调度燃料监测预警范围。

7）调度机构根据发电企业提供的流域水情预报、水电厂来水预报，组织预测年度、月度、周、日前水电发电能力。

8）省调要根据省内新能源装机容量、占比，制定新能源纳入平衡及校核的原则，同时向当地政府主管部门报备。

9）省调按燃料管理职责划分进行一次能源供需分析，及时发布供应预警，及时向相应政府主管部门、能源监管机构和网调、国调报备。

3.1.3.2　负荷预测

1）负荷预测管理遵循“统一管理、分级负责”的原则，按照电网调管范围组织实施。

2）各级调度机构应依据电网负荷特性开展分行业分类型的负荷特性分析，综合考虑气象、节假日、社会重大事件、历史负荷特性、经济发展形势、电力市场价格等因素对电网负荷的影响，重点关注大用户、电气化铁路负荷特性及变化规律，提升负荷预测准确性。

3.1.3.3　日前发输电计划管理

1）省内现货市场运行期间，日前发输电计划依据市场规则组织。

2）编制煤电机组可靠性机组组合和各类型电源日前调度计划时，应综合考虑电网检修、安全约束、最小开机方式等因素，根据负荷预测、日前现货市场申报数据、联络线计划等市场出清边界，采用 SCUC 和 SCED 集中优化完成出清。

3）调度机构应按现货市场信息披露相关要求及时、准确披露现货市场日前发输电计划出清结果。

3.1.3.4 中长期交易安全校核

1）各类中长期交易应通过调度机构安全校核。

2）省调负责省内中长期交易安全校核，配合国调、网调开展跨省跨区中长期交易安全校核，按规定反馈校核结果。对安全校核未通过的交易需出具校核原因并由电力交易机构予以公布。

3.1.3.5 发输电计划安全校核

1）发输电计划及各类型市场交易应通过调度机构安全校核方能执行。

2）省调按照“统一模型，统一数据，联合校核，分级管控”的原则，开展220千伏以上电网的日前发输电计划安全校核，根据实际需要可扩展至220千伏以下电压等级电网。

3）安全校核发现不满足电力系统安全稳定要求的情况，优先调整调管范围内的发输电计划和发输变电检修计划，如仍不能满足电力系统安全稳定要求，提请上级调度机构协调解决。

4）电网运行边界条件发生较大变化时，发输电计划执行前相关调度机构须及时进行安全校核。

3.1.4 电网备用管理

3.1.4.1 甘肃电网备用容量由甘肃电网内所有统调发电厂（场、站）共同承担，并在西北电网范围内，按照“统一调度、分级管理”的原则，实行全网共享，优化配置。电网运行备用包括负荷备用、事故备用。

3.1.4.2 甘肃电网备用容量的配置原则

1）运行备用容量应根据电源结构、电网特性等情况确定，其容量不应小于负荷备用容量，且不小于单一设备跳闸导致的最大有功功率缺额。

2）负荷备用容量即旋转备用容量，是指接于母线且立即可以带负荷的系统备用容量，用以平衡瞬间负荷或新能源引起的功率波动与预计之间的偏差。根据《电力系统技术导则》规定，负荷备用容量应为最大负荷的2%～5%。甘肃电网的负荷备用容量应不小于网内单一设备故障跳闸导致的最大有功功率缺额。

3）事故备用容量是指电力系统发生事故后在规定时间内可供调用的电源容量。为最大负荷的10%左右，且不小于单一设备跳闸导致的最大有功功率缺额。

4）一般情况下，由水电机组承担主要的旋转备用容量，当水电机组受水库运用要求制约而备用容量不足时，可由火电机组承担主要的旋转备用容量。必要时应采取移峰、错峰、限电避峰的办法，以保证电网留有必要的备用容量。

5）备用容量应计及一次能源、机组发电能力、负荷调节能力等限制，且调用后不发生设备过载、断面潮流超稳定限额等影响电网安全稳定运行的情况。

6）如遇恶劣天气、机组严重缺陷、重要输电通道失去风险以及重大保电等情况，可额外配置部分应急运行备用。应急运行备用的容量需求，宜根据可能导致的最大有功功率缺额、重大保电活动等级等情况确定。

7）电力供应紧张时，各级调度机构必须严格执行上级调度机构控制负荷的指令，按时、按量控制到位，确保电网运行备用容量满足规定值。

3.2 现货市场、调频辅助服务市场管理

3.2.1 省内现货市场包括日前现货市场和实时现货市场。

3.2.2 日前现货市场采用“发用双侧报量报价、集中优化出清”的方式。实时现货市场采用“发电侧报量报价、集中优化出清”的方式，实时现货市场沿用日前现货市场中发电侧申报信息。

3.2.3 日前现货市场可靠性出清结果作为日前发电计划，实时现货市场出清结果作为实时发电计划。

3.2.4 在实时现货市场出清后，开展调频辅助服务市场出清，中标

调频的机组/厂（场）站跟踪联络线偏差，未中标调频的机组/厂（场）站跟踪实时现货市场出清计划。

3.2.5　必要时调度机构可对市场出清结果进行调整，以保证电网安全稳定运行和市场有序开展。

3.2.6　电力现货市场运营人员与市场运营场所应满足信息保密管理相关要求。

第四章 调 度 运 行 管 理

4.1 调度运行管理制度

4.1.1 调度机构值班调度员在其值班期间是电网运行、操作和故障处置的指挥人，按照调管范围行使指挥权。值班调度员必须按照规定发布调度指令，并对其发布的调度指令的正确性负责。

4.1.2 下级调度机构值班调度员、厂（场）站运行值班人员、值班监控员、输变电设备运维人员，受上级调度机构值班调度员的调度指挥，接受上级调度机构值班调度员的调度指令，并对其指令执行的正确性负责。

4.1.3 通过调度电话进行调度业务联系时，必须使用普通话及规范调度术语，互报单位、姓名，受令人必须具备调度业务联系资格。严格执行下令、复诵、录音、记录和汇报制度，受令人在接受调度指令时，应主动复诵调度指令并与发令人核对无误，待发令人下达下令时间后方能执行；指令执行完毕后应立即向发令人汇报执行情况，并以汇报完成时间确认指令已执行完毕。

4.1.4 通过网络化交互方式进行调度业务联系时，必须对用户身份进行验证。

4.1.5 接受调度指令的值班调度员、厂（场）站运行值班人员、值班监控员、输变电设备运维人员不得无故拒绝或延误执行调度指令。如受令人认为所接受的调度指令不正确，应立即向发令人提出意见，由发令人决定该调度指令的执行或者撤销。如发令人重复该指令时，受令人原则上必须执行，但若执行该指令确将危及人身、电网、设备安全时，受令人可以拒绝执行，同时将拒绝执行的理由及改正指令内容的建议报告发令人和本单位直接领导人。对于通过网络化交互方式下达的调度指令，如受令人认为所接受的调度指令不正确，应通过调度电话向发令人提出意见。

4.1.6　未经值班调度员许可，任何单位和个人不得擅自改变其调管设备状态。对危及人身、电网、设备安全的情况按厂（场）站规程处理，但在改变设备状态后应立即向值班调度员汇报。

4.1.7　对于上级调度机构许可设备，下级调度机构在操作前应向上级调度机构申请，得到许可后方可操作，操作后向上级调度机构汇报。电网发生紧急情况，值班调度员可不经许可直接对上级调度机构许可设备进行操作，但必须及时汇报上级调度机构值班调度员。

4.1.8　调度机构管辖的设备，其运行方式变化对有关电网运行影响较大时，在操作前后或故障后应及时向相关调度机构通报。在出现威胁人身、电网、设备安全，不采取紧急措施就可能造成严重后果的情况下，上级调度机构值班调度员可直接（或通过下级调度机构的值班调度员）向下级调度机构管辖的厂（场）站运行值班人员（或输变电设备运维人员）下达调度指令，厂（场）站运行值班人员（或输变电设备运维人员）在执行指令后应迅速汇报设备所辖调度机构的值班调度员。

4.1.9　当电网运行设备发生异常或故障情况时，厂（场）站运行值班人员、值班监控员、输变电设备运维人员应立即向直调该设备的值班调度员汇报情况。

4.1.10　当发生影响电力系统运行的重大事件时，相关调度机构值班调度员应按规定汇报上级调度机构值班调度员。

4.1.11　任何单位和个人不得非法干预调度系统值班人员下达或执行调度指令，不得无故拒绝或延误执行上级值班调度员的调度指令。调度值班人员有权拒绝各种非法干预。

4.1.12　当发生无故拒绝执行调度指令、破坏调度纪律的行为时，有关调度机构应立即会同相关部门组织调查，依据有关法律、法规和规定处理。

4.2 电网频率监视与控制

4.2.1 电网频率标准是50.00赫兹，其偏差不得超过±0.20赫兹；在AGC投入时，电网频率按50.00±0.10赫兹控制。

4.2.2 各级调度机构、并网电厂（场、站）均有义务维持电网频率在正常偏差范围内。

4.2.3 甘肃电网内100兆瓦以上火电机组、40兆瓦以上水电机组及接入35千伏以上电压等级的新能源场站、储能电站均应参与系统一次调频，性能应满足《电网运行准则》要求。未经省调许可，严禁更改省调直调发电设备及储能设备的一次调频特性或退出一次调频。

4.2.4 西北电网频率调整由西北网调值班调度员统一指挥，省调及各地调值班调度员应主动协助做好电网频率调整工作。

4.2.5 甘肃局部电网与主网解列运行时，其频率调整工作由省调值班调度员负责，也可以由省调值班调度员授权地调值班调度员负责调频，具体调频厂由值班调度员根据电网实际情况指定。

4.3 电网无功管理与电压调整

4.3.1 电网无功补偿应遵循“分层分区、就地平衡”的原则。电网电压的调整、控制和管理，由各级调度机构按调管范围分级负责。

4.3.2 各级调度机构按调管范围在电网内设置电压监测点和考核点，并报上级调度机构备案。

4.3.3 省调直调的330千伏、220千伏变电站的高压母线，以及省调直调的220千伏以上发电厂（场、站）、储能电站高压侧母线均为省调电压监测点，电压监测点全部为电压考核点。

4.3.4 省调按月下发电压监测点电压曲线，以监视和调整电压。因电网运行方式变化，电压监测点电压曲线在日方式安排中可做适当修正。

4.3.5 各地调应编制调管范围内的电压监测点和考核点电压曲线，

由调度机构、变电站和相关单位监视和调整，并将本网的无功电压曲线报省调备案。

4.3.6 值班监控员和厂（场）站运行值班人员负责对监控范围内及本厂（场）站内母线运行电压进行监视，并按调度指令控制母线运行电压在电压曲线限值内。

4.3.7 省调调管的发电机自动调整励磁装置和强行励磁装置的投入和退出，必须征得省调值班调度员的同意。

4.3.8 调整电压的主要方法包括：

4.3.8.1 调整发电机、调相机无功出力。

4.3.8.2 调整风电场风机变流器、光伏电站光伏逆变器、储能电站储能变流器无功出力。

4.3.8.3 投切无功补偿装置，包括调整动态无功补偿装置无功出力。

4.3.8.4 调整有载调压变压器分接头位置。

4.3.8.5 改变发电厂（场、站）间及发电厂（场、站）内部机组的负荷分配。

4.3.8.6 启动备用发电机组，或停运发电机组。

4.3.8.7 必要时可改变电网接线方式，改变潮流分布，包括转移部分负荷，但应注意系统安全。

4.3.8.8 调整无载调压变压器分接头位置。

4.3.8.9 为防止局部地区电压崩溃可限制部分用电负荷以提高电压。

4.3.9 变压器分接头采用分级管理，即各级调度机构分别负责直调范围内的变压器分接头位置的整定。变压器分接头位置调整应以电压偏差在允许值内、不限制无功补偿设备出力为原则。未经值班调度员许可，发电厂（场、站）、储能电站和变电站不得擅自改变变压器分接头位置。

4.3.10 甘肃电网内火电、水电机组应进行进相试验，确定其进相能力。风电场、光伏电站和储能电站的无功调压设备（包括风机变流器、光伏逆变器、储能变流器及无功补偿装置）应满足在任何工况下，功率因数在超前 0.95 至滞后 0.95 的范围内动态可调。

4.3.11　并网新能源场站和储能电站动态无功补偿装置调度管理：

4.3.11.1　动态无功补偿装置应具备恒电压、恒无功、恒功率因数和电压及功率等综合优化控制模式，并能够满足各种控制模式的切换，控制模式的切换由所属调度机构确定。各种控制模式下均能满足动态无功补偿装置响应时间和调节性能要求。

4.3.11.2　新能源场站、储能电站分期建设或同一并网点配置多套动态无功补偿装置时，多套装置的控制策略、响应时间应相互配合。应避免同一场站内不同无功补偿设备同时运行于感性和容性状态造成补偿容量抵消甚至产生并联谐振。

4.3.11.3　各级调度机构按照调管范围组织开展并网新能源场站、储能电站动态无功补偿装置现场涉网性能核查工作。

4.3.11.4　动态无功补偿装置在电网正常运行情况下，应适应电网各种运行方式变化和运行控制要求，装置自身的过（欠）压、三相电压不平衡等保护应与新能源场站发电设备、储能电站储能单元的（高）低电压穿越能力相一致。

4.3.11.5　动态无功补偿装置应根据并网点电压和无功平衡要求，选择电压优先的控制策略。

4.3.11.6　动态无功补偿装置各项涉网技术参数未经调度机构许可不得随意更改。新能源场站、储能电站进行硬件或程序升级改造前，应将改造方案和程序版本上报调度机构进行审核备案，批准后方可进行改造。严禁对动态无功补偿装置出力设置限值。

4.3.11.7　新能源场站、储能电站所属动态无功补偿装置必须与其风电机组、光伏矩阵、储能单元同步投产；为保证电网安全，动态无功补偿装置故障退出运行或补偿容量不足，调度机构有权对其有功出力进行限制。

4.4　自动发电控制（AGC）管理

4.4.1　除已列入关停计划的机组外，常规电源及光热、抽水蓄能机组单机容量 200 兆瓦以上火电机组（不含背压式热电机组），单机容量20兆瓦以上、全厂容量50兆瓦以上水电机组（不含灯泡贯流式水电机组）或水电厂应具有AGC功能。全厂容量10兆瓦以上的新能源场站及其站内配建储能必须配置有功功率自动控制系统（AGC），调度机构直接调管的额定功率6兆瓦以上或额定容量6兆瓦时以上的独立储能电站应配置有功功率自动控制系统（AGC），接收并自动执行调度机构发送的有功功率控制指令。

4.4.2　参与AGC调节的厂（场）站发电设备、储能设备，其调节速率、响应时间、调节精度、调节范围等应满足相关规定、标准及调度机构的要求。

4.4.3　凡参与AGC调节的厂（场）站发电设备、储能设备，在归调前应与调度机构的调度控制系统进行联调，满足电网对厂（场）站发电设备、储能设备的调整要求。AGC参数发生变化后，发电企业、储能企业应及时完成设备改造，并在相关调度机构配合下完成AGC试验和测试；若按调度机构要求AGC相关性能进行测试或试验的，发电企业、储能企业应按期完成试验测试，并出具试验报告。

4.4.4　凡参与AGC调节的厂（场）站发电设备、储能设备，其有功功率应严格按照AGC系统下发指令控制，无功功率按相关规定控制。

4.4.5　未经值班调度员许可，任何人不得操作其调管范围内的AGC设备。

4.4.6　凡参与AGC调节的厂（场）站发电设备、储能设备发生异常导致AGC无法运行或AGC功能异常时，厂（场）站运行值班人员可向值班调度员申请停用AGC，并将发电设备、储能设备切至“就地控制”。异常处理完毕后，应立即向值班调度员汇报，并由值班调度员下令恢复AGC运行。

4.5　自动电压控制（AVC）管理

4.5.1　单机容量200兆瓦以上火电机组、单机容量20兆瓦以上水电机组，全厂容量50兆瓦以上水电厂、光热电站，接入35千伏以上电压等级的风电场、光伏电站和新能源（含储能）升压站/汇集站，接入10千伏以上电压等级的储能电站应具备AVC功能。

4.5.2 省调AVC系统对调管范围内厂（场）站进行无功电压自动调节控制；通过省地协调功能，实现与各地调AVC系统协调控制。

4.5.3 凡参与AVC调节的厂（场）站，其AVC功能必须经过相应调度机构组织的系统闭环测试，测试合格并经调度机构确认后，方可具备正式投运条件。

4.5.4 AVC系统正常运行时，厂（场）站运行值班人员（或输变电设备运维人员）不得随意修改本厂（场）站AVC的远方/就地控制模式、软件中设定的计算和控制参数；各厂（场）站AVC功能的投退及AVC子站控制的调压设备AVC功能的投退，须向调度机构提出申请并得到许可后方可执行。

4.5.5 参与省地协调控制的地调AVC主站投退，须告知省调值班调度员。

4.5.6 电网发生事故或紧急异常情况时，值班调度员可根据电网运行情况将AVC主站由闭环控制模式切换到开环控制模式，以保证电网的安全运行。

4.5.7 AVC主站或子站退出运行期间，值班调度员、值班监控员、厂（场）站运行值班人员（或输变电设备运维人员）应按照调度机构下发的电压曲线监控厂（场）站母线电压。

4.6 调度信息汇报规定

4.6.1 调度信息汇报的目的是让值班调度员及时、准确掌握电网运行情况，合理安排电网运行方式和对电网进行实时调整，以保证电网安全稳定运行。

4.6.2 各级调度人员必须按照有关汇报制度的要求，如实、及时汇报电网运行情况及调管范围内重大事件，杜绝瞒报、谎报、拖延汇报等情况。

4.6.3 电网生产、运行情况汇报

4.6.3.1 地调值班调度员在值班期间如遇以下情况，应及时向省调值班调度员汇报：

1）调管范围内 110 千伏以上电压等级线路跳闸、主变故障跳闸或被迫停运。

2）调管范围内 10 千伏以上电压等级母线失压。

3）调管范围内 110 千伏以上发电厂（场、站）、储能电站设备故障引起发电设备、储能设备跳闸（解列）或稳控装置动作切除发电设备、储能设备的情况。

4）调管范围内 110 千伏以上电压等级电网与主网解列。

5）110 千伏以上新设备启动。

6）因任何原因造成的铁路、煤矿等重要用户停电。

7）因自然灾害、外力破坏等原因造成的电力设施受损。

8）因各种原因造成调管范围内新能源或地区水电限制出力的情况。

9）主要节假日及保电时期，因各种异常、事故造成用电负荷损失。

10）在检查输电线路故障原因期间，地调值班调度员或相关单位生产值班人员应每天跟踪了解当日查线情况，及时向省调值班调度员汇报查线结果。

11）因环境、场所、设备等原因影响主调调度业务正常开展时，应按相关规定及时启用备调。调度指挥权转移前后应及时汇报省调。

12）因用户侧非正常原因造成用电负荷变化超过 100 兆瓦。

13）因各种原因造成县域电网用电负荷减供占比 60%以上。

4.6.3.2 国调、西北网调直调厂（场）站运行值班人员（或输变电设备运维人员）遇到下列情况，应及时向省调值班调度员通报（汇报）：

1）调管设备发生故障跳闸或稳控装置动作切除运行机组的情况。

2）出现影响国调、西北网调调管一、二次设备正常运行的异常情况和缺陷（包括母线电压越限和设备过负荷或超稳定运行）。

3）国调、西北网调调管设备安排计划检修时的方式改变，应在操作前后向省调汇报。

4）国调、西北网调调管新（改、扩）建设备启动过程中重要节点（包括首次充电、开始试运行、试运行结束时间等）。

5）其他认为应该汇报的情况。

4.6.3.3　故障信息汇报内容应包括继电保护及安全自动装置动作信息、对电网运行造成的影响以及减供负荷情况等，其中减供负荷统计和事件判定，应包含用户侧低压脱扣装置动作以及因用户自身原因脱网导致的用电负荷减少量。

4.6.4　重大事件汇报制度

4.6.4.1　实时运行中，电网发生大面积停电等重大事件，相关单位在组织相关人员处理事件的同时，须立即按调管范围将发生重大事件的简要情况向省调汇报。

4.6.4.2　调度系统重大事件包括紧急报告类和一般报告类事件，具体事件分类按照《国家电网有限公司调度系统重大事件汇报规定》执行。

4.6.4.3　重大事件汇报内容要求：

1）发生重大事件后，相关地调值班调度员、值班监控员、厂（场）站运行值班人员（或输变电设备运维人员）须在规定时间内向省调值班调度员进行报告，内容主要应包括事件发生的时间、概况、造成的影响及用电负荷损失等情况（必要时附图说明）。

2）在事件处置暂告一段落后，相关地调值班调度员、值班监控员、厂（场）站运行值班人员（或输变电设备运维人员）应将详细情况汇报省调，内容主要包括：事件发生的时间、地点、事故前运行方式、保护及安全自动装置动作、用电负荷损失情况；调度系统应对措施、系统及用电负荷恢复情况，以及掌握的重要设备损坏情况，对社会及重要用户影响情况等。

3）当事件后续情况更新时，如已查明故障原因或查线结果等，相应调度机构值班调度员应及时向上级调度机构值班调度员汇报。

4.6.4.4　重大事件汇报时间要求：

1）发生紧急报告类事件，相应地调值班调度员、值班监控员、厂（场）站运行值班人员（或输变电设备运维人员）须在 15 分钟内向省调值班调度员进行报告，省调值班调度员须在 15 分钟内向国调、西北网调值班调度员进行报告。根据事件发展，应至少每 4 小时进行一次滚动汇报；在事件出现较大转机或变化的情况下，相关单位值班人员应及时向省调值班调度员汇报。

2）发生一般报告类事件，相应地调值班调度员、值班监控员、厂（场）站运行值班人员（或输变电设备运维人员）须在 30 分钟内向省调值班调度员进行报告，省调值班调度员须在 30 分钟内向国调、西北网调值班调度员进行报告。根据事件发展，应至少每 8 小时进行一次滚动汇报。

3）直调范围内发生造成较大社会影响事件，该调度机构值班调度员应在获知相应社会影响后向上一级调度机构值班调度员进行报告。

4）紧急报告类、一般报告类事件应按调管范围由发生重大事件的地调或厂（场）站尽快将详细情况以书面形式报送至省调。

5）相应调度机构在接到下级调度机构事件报告后，应按照逐级汇报的原则，5 分钟内将事件情况汇报至上一级调度机构，省调应同时上报国调和西北网调。

6）省调发生调度控制系统实时监控功能丧失、调度数据网业务全部中断或与所有直调厂（场）站调度电话业务全部中断事件，应立即报告国调、西北网调；地县调发生调度控制系统实时监控功能丧失、调度数据网业务全部中断或与所有直调厂（场）站调度电话业务全部中断事件，应立即逐级报告至省调。

4.7　新（改、扩）建设备投运及退役管理

4.7.1　新（改、扩）建发输变电设备并入电网运行，应符合国家有

关法规、标准及相关技术要求。工程管理单位应按照《电网运行准则》等规程向调度机构提供相关资料。对于工程涉及的重要过渡阶段和重要停电安排，工程管理单位在可研、初设阶段应提前与相应调度机构会商研究。

4.7.2　调度机构收到资料后，按规定进行资料审查、专题分析计算和设备的调度命名。

4.7.3　调度命名应遵循统一、规范的原则：

4.7.3.1　由省调直接调管的设备，其调度命名由省调负责，其中 330 千伏以上新（改、扩）建电气设备调度命名需向网调报备。

4.7.3.2　新建 330 千伏以上变电站、省调直调发电厂（场、站）、储能电站的调度命名，应在工程设计阶段，由工程管理单位报省调审定；下级调度机构调管厂（场）站调度命名，应报送上级调度机构备案。

4.7.4　新（改、扩）建设备启动前必须具备下列条件：

4.7.4.1　设备验收工作已结束，质量符合安全运行要求，有关运行单位已向调度机构提出新设备投运申请。

4.7.4.2　所需资料已齐全，设备参数测量工作已结束，并以书面形式提供给有关单位（如需在启动过程中测量参数，应在投运申请书中说明）。对于新建设备，业主单位须取得质检机构的《电力工程质量监督检查并网通知书》。

4.7.4.3　生产准备工作已就绪［运行人员已完成培训、考核，取得相应的合格证书并持证上岗，完成设备及厂（场）站设备命名、调管范围的划分，现场规定和制度等均已完备］。非国网公司所有设备已完成并网调度协议签订、高压供用电合同签订，电源项目还需完成购售电合同签订工作。

4.7.4.4　继电保护及安全自动装置已按调度机构下达的整定值进行整定，保信子站与省调联调完毕；涉及电网其他设备继电保护定值变化的部分已按相关调度机构下达的定值单更改完成。

4.7.4.5　与调度机构之间通信系统设施（主、备通道）通过调试及验收，满足继电保护、安全自动装置、调度自动化及电量计费系统、并网调试启动指挥调度及测试的要求。

4.7.4.6　自动化设备通过调试及验收，调度自动化信息已按规定接入，完整性和正确性满足电力行业标准、规程和规范；网络安全防护相关措施已经完善，相关资料已经过国家相关机构和调度机构审核。计量点明确，计量系统准备就绪。业主单位按调度机构要求完成新（改、扩）建发输变电设备基础数据采集和信息填报工作。

4.7.4.7　启动试验方案和相应调度方案已批准。

4.7.5　新设备启动调度运行规定：

4.7.5.1　新设备所属单位应在启动并网前 30 天，向有关调度机构正式提出启动并网书面申请。

4.7.5.2　新（改、扩）建设备启动前，有关人员应熟悉厂（场）站设备、启动试验方案及相关规程、规定等。

4.7.5.3　属于省调直接调管的设备，由省调编制启动方案，并经启动验收委员会审查、批准，以文件形式下发；属于地调直接调管的 110 千伏以上输变电设备、35 千伏以上电源，启动前由相应地调向省调报送启动申请，经省调同意后方可启动。

4.7.5.4　新（改、扩）建设备的启动并网应以服从电网安全运行为前提。

4.7.5.5　新（改、扩）建设备启动调试期间，设备倒闸操作应按照相应调度机构的调令执行，电网发生事故时调度机构有权中止启动。

4.7.5.6　调度机构应针对新设备启动并网调试项目制定电网运行控制措施及应急处置预案。

4.7.5.7　新（改、扩）建设备启动并网应尽量减少对电网运行的影响，启动调试调度方案编制过程中应考虑设备异常对电网安全的影响。

4.7.5.8　新（改、扩）建设备试运行正常后，相关单位须向相应调度机构汇报设备正式归调。

4.7.5.9 新（改、扩）建设备启动因某种原因中止，不论其时间长短，在启动验收委员会正式决定将新设备再移交回建设单位之前，新设备的任何操作应根据调管范围划分，严格按照各级调度机构的调令执行。

4.7.5.10 调度机构应将新（改、扩）建设备所有资料存档。

4.7.6 设备退役规定：

4.7.6.1 发输变电设备永久退出运行（简称退役），设备管理单位应提前 3 个月向调度机构提出书面申请报告。申请报告应包含以下内容：

1）退役设备范围（包含一、二次设备）、设备退役时间。

2）如退役设备对电网安全稳定产生影响，设备管理单位应根据调度机构要求提供稳定分析结论及应对措施。

4.7.6.2 调度机构应于设备退役前 30 天完成申请报告的审核，解除相关协议，下发设备退役通知单。退役当日厂（场）站运行值班人员根据通知单要求向值班调度员提出退役申请，经同意后做好退役设备与在运设备的有效隔离工作。

4.7.6.3 各级调度机构应按照调管范围对安全自动装置进行梳理，对电网运行不再需要的安全自动装置应及时退出运行，设备管理单位应在 6 个月内予以拆除。

第五章　调度运行操作规定

5.1　调度倒闸操作原则

5.1.1　调度机构应按直调范围进行调度倒闸操作。许可设备的操作应经上级调度机构值班调度员许可后方可执行。对下级调度机构调管设备运行有影响时，应在操作前通知下级调度机构值班调度员。

5.1.2　操作前，值班调度员应了解操作任务、范围、对象、目的和要求，并考虑以下问题：

1）接线方式改变后电网的稳定性和合理性，有功、无功功率平衡及备用容量，水库综合运用、新能源消纳等方面的影响。

2）操作引起的输送功率、电压、频率的变化，潮流超过稳定限额、设备过负荷、电压超过正常范围等情况。

3）继电保护及安全自动装置运行方式是否合理，变压器中性点接地方式、无功补偿装置投入情况，防止引起过电压。

4）操作对通信、远动等设备的影响。

5）严防非同期并列、误拉合开关或刀闸、带接地刀闸或接地线送电、带电合接地刀闸或挂接地线、带负荷拉刀闸等误发调令和误操作，并做好操作中可能出现异常、故障情况的事故预想。

6）根据检修工作范围和安全规程的规定，考虑安全措施。

5.1.3　计划性操作应尽量避免在下列时间进行，特殊情况下必须进行操作时，要有相应的安全措施。

1）交接班期间。

2）发生雷雨、大风等恶劣天气时。

3）电网发生异常及故障时。

4）电网高峰负荷时段。

5）通信中断或调度自动化系统异常影响操作时。

5.1.4　执行影响电网结构的重大操作前，省调值班在线安全分析师应针对该项操作，进行在线安全稳定分析计算，确认安全后，方可进行操作。

5.1.5　电气设备和线路检修的开工和完工，应遵守《国家电网公司电力安全工作规程（变电部分）（线路部分）》及《国家电网公司电力安全工作规程（变电部分）（线路部分）修订补充规定的通知》的规定。

5.1.6　任何情况下严禁约时停送电、约时投退重合闸、约时挂地线、约时开工检修。

5.1.7　发电厂（场、站）、储能电站和变电站内部的电气设备停电检修时，一切安全措施均由设备所在单位负责；值班调度员只负责调管范围内安全措施与设备检修状态之间的对应关系。在设备做好安全措施、具备检修条件时，值班调度员许可开工；检修工作结束，自做安措拆除后，向值班调度员汇报完工。

5.1.8　电气设备停电操作，一次设备由运行转至热备用时相关继电保护不得退出；一次设备转至冷备用或检修后，方可退出相关继电保护，如未申报继电保护检修工作，应保持继电保护投入状态不变。送电操作，在一次设备转至热备用前，必须保证相关继电保护确已投入，再继续操作一次设备。

5.1.9　在一次设备状态转换过程中，值班调度员只对一次设备下操作指令，对应的继电保护装置投退以及需要自行投退的安全自动装置压板不单独下令，由厂（场）站运行值班人员（或输变电设备运维人员）根据要求自行正确操作。在一、二次设备操作均结束后，才认为状态转换操作完毕，方可向值班调度员回令。

5.1.10　省调直调线路停电检修时，线路两侧的安全措施按省调值班调度员的调度指令执行；因检修工作需要在线路上所做安全措施由线路运维单位自行负责。

5.1.11　地调操作线路或主变，涉及省调直调开关时，该开关由省调授权地调操作（授权操作的设备最终状态由省调明确，开关检修安全措施由省调负责下令）。

5.1.12　各级调度都必须建立接地线（接地刀闸）管理制度，调度下令所做安全措施应在调度值班日志中反映。

5.2　调度运行操作规定

5.2.1　在发布和接受调度指令时，各级调度机构值班调度员、厂（场）站运行值班人员、值班监控员、输变电设备运维人员必须使用统一调度术语。调度术语包括统一的设备双重命名（名称及编号）、规范的调度指令等。

5.2.2　调度指令为状态令，即受令单位按照指令的要求将设备转至要求的状态。若一条调度指令中含有多个分项，受令单位须按照分项顺序进行操作。指令具体的操作步骤和内容，以及安全措施，均由受令单位运行值班人员（或输变电设备运维人员）按现场规程自行拟定。

5.2.3　调度指令分为口头操作指令、编号操作指令。

5.2.3.1　口头操作指令（简称口令）：由值班调度员口头下达的调度指令。对此类指令，值班调度员可不用填写操作指令票，但应做好相应记录：

1）投退一次调频、AGC 功能或变更 AGC 控制模式。

2）投退 AVC 功能、无功补偿装置。

3）并网电源、储能单元启停，新设备启动。

4）并网电源、储能单元有功、无功功率调整。

5）继电保护投退和安全自动装置操作。

6）联络线计划曲线调整。

7）故障处置。

8）限制（恢复）用电负荷。

9）其他规程规定可不用填写操作指令的操作。

5.2.3.2　编号操作指令（简称编号令）：值班调度员下达有调度命令编号的指令。对此类指令，值班调度员须填写调度指令票，受令单位运行值班人员（或输变电设备运维人员）须填写现场操作票，该指令具体的操作步骤以及所涉及的安全措施均由受令单位运行值班人员（或输变电设备运维人员）按照现场规定自行拟定。

5.2.3.3　在故障或紧急情况下，受令单位运行值班人员（或输变电设备运维人员）在接受调度指令后，不必填写操作票，应立即进行操作。

5.2.4　调度倒闸操作下令分为网络化下令、调度电话下令两种方式。正常情况下，调度编号操作指令实施网络化下达，调度电话下令仅作为备用方式。临时性操作指令仍采用调度电话方式下令。

5.2.4.1　调度操作网络化下令分为预令下发和正令执行两个阶段。预令、正令均需填写调度指令票。

5.2.4.2　调度指令票通过网络化下令时，必须经过拟票、审核、预令下发、正令下令、厂（场）站签收、调度确认、回令、收令、厂（场）站确认等环节。调度指令票拟票、审核环节不能由同一人完成。

5.2.4.3　调度指令票通过调度电话下令时，必须经过拟票、审核、下达、执行、归档五个环节，其中拟票、审核环节不能由同一人完成。

5.2.4.4　操作审核环节必须由值班调度长完成。

5.2.4.5　下令操作前，值班调度员应与受令人核对一、二次设备实际状态。

5.2.4.6　收令时，值班调度员应与回令人核对一、二次设备实际状态。

5.2.5　拟写调度指令票应以检修工作票或临时工作要求、日前调度计划、调试调度实施方案、安全稳定及继电保护相关规定等为依据，拟票人应核对现场一、二次设备实际状态。

5.2.6　拟写调度指令票应做到任务明确、票面清晰，正确使用设备调度命名和调度术语。一份调度指令票只能填写一个操作任务。

5.2.7　省调直调设备因计划检修进行倒闸操作，原则上应提前一个调度值班班次通过网络化下令系统向现场下达预令。预令仅作为现场填写操作票的参考依据，不能代替正式操作指令，实际操作以下达的正令为准。如无特殊原因，正令应与预令应保持一致。

5.3　系统主要操作规定

5.3.1　地调调管跨地区线路操作管理规定

5.3.1.1　跨地区直馈线路停送电操作，由送电侧设备所在地调负责指挥整个线路的操作工作。

5.3.1.2　跨地区线路停送电操作，必须填写调度指令票，且互相通报停电所做的安全措施，在送电前核实线路安全措施确已拆除、工作人员已全部撤离、具备送电条件。

5.3.1.3　跨地区线路停电前，原则上由受电侧地调值班调度员负责转移负荷并将本侧线路转为冷备用状态后，再由送电侧地调值班调度员负责线路停电，线路两侧或多侧均转为检修状态后，按照调管范围许可线路检修工作。

5.3.1.4　跨地区线路送电前，由送电侧地调值班调度员负责核对所有工作已结束、各侧安全措施全部已拆除、具备送电条件后方可下令操作送电。

5.3.2　系统解、并列与电磁环网解、合环操作规定

5.3.2.1　发电机或电网并列前，原则上需满足以下条件：

1）相序、相位相同。

2）频率偏差应在±0.10 赫兹以内。特殊情况下，当频率偏差超出允许偏差时，可经过计算确定允许值。

3）并列点电压偏差在±5%以内。特殊情况下，当电压偏差超出允许偏差时，可经过计算确定允许值。

5.3.2.2　系统并列操作必须使用同期装置。

5.3.2.3　系统解列操作前，原则上应将解列点的有功功率调至零，无功功率调至最小，使解列后的两个系统频率、电压均在允许范围内。

5.3.2.4　电磁环网解、合环操作必须保证操作后潮流不超继电保护、

电网稳定和设备容量等方面的限额，电压在正常范围内。具备条件时，合环操作应使用同期装置。

5.3.2.5 电磁环网解、合环方案必须经过计算并经上级调度机构审核通过后方可执行。

5.3.2.6 电磁环网解、合环操作前，由值班调度员确认满足解、合环条件并经上级值班调度员许可后方可操作。解、合环操作的正确性由执行操作的调度机构负责。

5.3.2.7 一个地区电网内同时只能有一个电磁环网解、合环操作，短时合环运行时间原则上不得超过5分钟。

5.3.2.8 原则上不得直接进行跨电压等级电磁环网解、合环操作。

5.3.3 零起升压操作规定

5.3.3.1 零起升压系统必须与运行系统可靠隔离。

5.3.3.2 担任零起升压的发电机，其容量应足以防止自励磁，发电机强励退出，联跳其他非零起升压回路开关压板退出，其余保护均可靠投入。

5.3.3.3 零起升压线路保护应完整并可靠投入，联跳其他非零起升压回路开关压板退出，线路重合闸停用。

5.3.3.4 对主变压器或线路串变压器零起升压时，该变压器保护必须完整并可靠投入，联跳其他非零起升压回路开关压板退出，中性点必须接地。

5.3.3.5 双母线中的一组母线进行零起升压时，母差保护应采取适当措施防止误动作，母联开关应为冷备用状态，防止开关误合造成非同期并列。

5.4 主要一次设备操作规定

5.4.1 开关操作

5.4.1.1 开关合闸前，应确认相关设备的继电保护已按规定投入。开关合闸后，应确认三相均已合上，三相电流基本平衡。

5.4.1.2 开关操作时，若远方操作失灵，厂（场）站规定允许就地操作，应三相同时操作，不得分相操作。

5.4.1.3 交流母线采用 3/2 接线方式的设备送电时，应先合母线侧开关，后合中间开关。停电时应先断开中间开关，后断开母线侧开关。

5.4.2 刀闸操作

5.4.2.1 未经试验不允许使用刀闸向 110 千伏以上母线充电。

5.4.2.2 不允许使用刀闸拉、合空载线路、并联电抗器及空载变压器。

5.4.2.3 未经试验不允许使用刀闸进行拉开母线环流或 T 接短线操作。

5.4.2.4 其他刀闸操作按厂（场）站规程执行。

5.4.3 线路操作

5.4.3.1 线路停送电操作应考虑潮流转移和系统电压，特别注意使运行线路不过负荷、断面输送功率不超过稳定限额，应防止发电机自励磁及线路末端电压超过允许值。

5.4.3.2 线路停送电操作，一般在短路容量小（弱端）的一侧解、合环，短路容量大（强端）的一侧停送电；如末端为发电厂（场、站）或储能电站，另一侧为变电站，一般在发电厂（场、站）或储能电站侧解、合环，变电站侧停送电；环网线路操作时，一般在中间解合环，在两侧厂（场）站停送电；有特殊规定的除外。

5.4.3.3 单电源线路停电时，由负荷侧逐步向电源侧操作；送电时操作顺序相反。

5.4.3.4 线路停电时，断开开关后，先拉开线路侧刀闸，后拉开母线侧刀闸；送电时操作顺序相反。

5.4.3.5 线路操作时，应待一侧开关操作完毕后，再操作另一侧开关。

5.4.3.6 线路正常操作时，不允许线路末端带变压器停送电。

5.4.3.7 停运带有串补装置的线路时，应先停运串补装置，后停运线路；送电时应先恢复线路，再投入串补装置。

5.4.4 变压器操作

5.4.4.1 变压器并列运行条件：相位相同，接线组别相同，变比相等、短路电压差不大于 10%、容量比不超过 3:1。变比不同或短路电压不等的变压器经计算和试验，在任一台都不发生过负荷的情况下，可以并列运行。

5.4.4.2 一般情况下，变压器投入运行时，应先合电源侧开关，后合负荷侧开关，停运时操作顺序相反。对于有多侧电源的变压器，投入运行时优先合高压侧开关，后合中（低）压侧开关，停运时操作顺序相反。

5.4.4.3 在切换或停运变压器前，应考虑主变中性点接地方式是否满足要求，确认投入的变压器已带负荷且其他变压器停运后不过载，再退出要停运的变压器。

5.4.4.4 并列运行的变压器在倒换中性点接地刀闸（中性点电抗刀闸）时，应先合上未接地变压器的中性点接地刀闸（中性点电抗刀闸），再拉开另一台变压器的中性点接地刀闸（中性点电抗刀闸）。

5.4.4.5 大电流接地系统内的变压器拉、合高压侧或中压侧开关时，中性点必须接地（直接接地或经电抗、电阻接地）。

5.4.5 高压电抗器操作规定

5.4.5.1 通过开关接入母线的高抗，主要用于无功补偿，可根据系统电压情况进行投退。

5.4.5.2 正常情况下线路并联高抗应投入运行，未经计算不允许线路不带高抗运行。线路高抗中性点经小电抗接地的，未经计算不允许线路高抗不带中性点小电抗运行。

5.4.5.3 无专用开关的线路高抗投退操作必须在线路冷备用或检修状态下进行。

5.4.6 母线操作规定

5.4.6.1 母线采用双母线接线方式的，部分或全部元件由一条母线倒至另一条母线时，应确保母联开关及其刀闸在合闸状态，断开母联开关的操作电源后，方可进行操作。

5.4.6.2 对旁路母线充电时，应使用有瞬动（充电）保护的开关。对双母线或单母线分段母线之一充电时，可用线路开关或母联开关充电。

5.4.7 许可带电作业规定

5.4.7.1 带电作业应在良好天气下进行。如遇雷电、雪雹、雨雾及其他影响安全作业的恶劣天气，不得进行带电作业。在特殊情况下，需要在恶劣天气进行带电作业时，必须经本单位主管生产领导批准后方可进行。

5.4.7.2 计划性带电作业必须按照检修工作申请、批复和时间规定执行。发生设备紧急缺陷需要进行临时带电作业处理时，值班调度员有权根据电网运行方式、天气情况以及有关规定许可。

5.4.7.3 双回线、重要断面其中一回线停电检修时，不宜安排在该断面另一回运行线路进行带电作业。

5.4.7.4 重要节假日及特殊保电期，如无紧急缺陷，一般不安排带电作业。

5.4.7.5 许可线路带电作业时，由带电作业工作负责人确定是否退出线路两侧重合闸。

5.4.7.6 需要办理调度申请的带电作业包括：带电安装监测设备，带电检测、清扫、更换绝缘子，带电修补导线，带电处理间隔棒、防震锤等金具类缺陷，带电进行一次设备清扫、加油，带电设备上取异物，带电拆、接引流线等现场工作负责人认为需要调度批准的其他带电工作。

5.4.8 特殊操作规定

5.4.8.1 330 千伏张华牵Ⅰ线、驼华牵Ⅰ线运行方式由分列方式改为并列方式时，在一次设备并列操作前须将 330 千伏张掖变张华牵Ⅰ线保护、330 千伏骆驼城变驼华牵Ⅰ线保护由分列方式定值切换为并列方式定值，定值切换完毕后，方可进行一次设备并列操作。由并列方式改为分列方式时，须在一次设备分列操作完成后，将 330 千伏张掖变张华牵Ⅰ线保护、330 千伏骆驼城变驼华牵Ⅰ线保护由并列方式定值切换为分列方式定值。

5.4.8.2　220 千伏早广线停、送电前应联系四川省调，先停早阳变侧，再停对侧；送电时，由对侧送电，早阳变侧并列。220 千伏早成线、早江线不得与 220 千伏早广线合环运行。严禁西北、西南电网交流并列运行。

5.4.8.3　220 千伏早成线故障跳闸后，应先退出串补装置，然后再对线路进行试送（强送），线路试送（强送）成功且对侧转运行后，再投入串补装置。

5.4.8.4　刘家峡水电厂 2213 刘联Ⅰ线线路侧 221362 刀闸必须在线路无压时才可进行拉、合操作。

第六章 故 障 处 置 规 定

6.1 故障处置原则

6.1.1 省调值班调度员是甘肃电力系统故障处置的总指挥，省调与地调按调管范围划分故障处置权限和责任，在故障处置过程中应及时互通情况。省调管辖设备的故障处置操作，除本规程允许运行单位不待调令进行的操作以外，必须按照省调值班调度员的指令进行。

6.1.2 处置故障时，各级值班调度员应做到情况明、判断准、行动快、指挥得当，其原则为：

6.1.2.1 迅速限制故障发展，消除故障根源，解除对人身、电网和设备安全的威胁。

6.1.2.2 尽可能保持正常设备的运行和对重要用户及厂用电、站用电的正常供电。

6.1.2.3 调整并恢复正常电网运行方式，电网解列后要尽快恢复并列运行，安控切机后尽快恢复被切除的机组并网。

6.1.2.4 尽快恢复对停电的设备、用户供电（热），对重要用户应优先供电（热）。

6.2 故障处置要求

6.2.1 电网发生故障时，各级调度机构值班调度员应结合综合智能告警信息，监视本网频率、电压及重要断面潮流等情况，开展故障处置。

6.2.2 电网发生故障、发生危及电网或设备安全运行的缺陷（如开关低气压/油压闭锁、CT/PT 断线、保护装置故障、设备严重发热等）时，值班监控员、厂（场）站运行值班人员（或输变电设备运维人员）应立即将故障或缺陷发生的时间、设备名称及其状态、天气情况等概况向相应调度机构值班调度员汇报，经检查后再详细汇报相关内容。值班调度员应按规定及时向上级调度机构值班调度员汇报故障情况。

6.2.3　故障处置期间，为防止发生电网瓦解和崩溃，值班调度员可以下达下列调度指令：

6.2.3.1　调整调度计划，包括发输电计划、设备停电计划。

6.2.3.2　调用全网备用容量，进行跨省、跨区支援。

6.2.3.3　调整并网电源、储能单元有功或无功出力，启停并网电源、储能单元。

6.2.3.4　下令停运设备恢复送电或运行设备停运。

6.2.3.5　下令发电厂（场、站）出力不按照电力市场出清结果执行，并根据故障处置需要调整其出力。

6.2.3.6　采取事故限电等措施。

6.2.3.7　采取其他调整系统运行方式的措施。

6.2.4　故障处置期间，省调值班调度员下令立即拉、合开关时，原则上双方都不允许挂断电话，要求接令单位立即操作，操作完毕后立即回令。

6.2.5　故障处置期间，各级值班人员应严守岗位，值班负责人如需离开，必须指定代理人，并征得省调值班调度员同意；非故障单位，不得在故障期间占用调度电话向调度或其他单位询问故障情况。

6.2.6　若调度交接班时发生故障，应立即终止交接班，并由交班调度员进行处置，接班调度员可按交班调度员的要求协助处理事故，直到故障处置完毕或告一段落，方可交接班。

6.2.7　为防止故障范围扩大，值班监控员、厂（场）站运行值班人员（或输变电设备运维人员）可不待调度指令自行进行以下紧急操作，但事后应立即向相关调度机构值班调度员汇报：

6.2.7.1　将对人身和设备安全有威胁的设备停电。

6.2.7.2　将故障停运已损坏的设备隔离。

6.2.7.3　厂（场）站站用电部分或全部停电时，恢复其电源。

6.2.7.4　厂（场）站规程中规定可以不待调度指令自行处置的其他事项。

6.3　电网故障协同处置

6.3.1　调度机构负责处置直调范围电网故障，故障处置期间，下级调度机构应服从上级调度机构统一指挥。在紧急情况下，上级值班调度员可以越级发布调度指令。

6.3.2　直调范围内电网发生故障，调度机构应按要求立即进行故障处置；若影响其他电网运行时，应及时通报相关调度机构，需上级或同级调度机构配合时，应由上级调度机构协调处理。

6.3.3　重要跨省、跨区送电通道发生故障，按上级调度机构指挥调整并网电源及储能单元出力、控制联络线功率，将相关断面潮流控制在稳定限额内，必要时采取事故限电措施，控制电网频率、电压满足相关要求。

6.3.4　省调、地调应建立电网运行信息共享机制，及时通报故障告警信息及处置措施，提高故障处置协同水平。

6.4　电网频率异常处置

6.4.1　系统额定频率为 50.00 赫兹，超过 50.00±0.20 赫兹为异常频率，在 AGC 投入情况下，电网频率按 50.00±0.10 赫兹控制。

6.4.2　系统频率低于 49.80 赫兹时的处置：

6.4.2.1　省调值班调度员应按西北网调值班调度员要求调用本省的备用容量，将频率恢复至正常范围内。若备用容量不足，应根据西北网调值班调度员的调令在低频率运行时间内按《甘肃电网紧急事故情况下限电序位表》采取紧急限电措施，直至频率恢复正常。

6.4.2.2　当系统频率低于 49.50 赫兹时，系统内所有并网电源、储能单元应根据事故过负荷能力，不待调令增加有功出力，直至恢复频率至 49.80 赫兹以上即可停止调整。注意线路输送功率不得超过稳定极限。若所有并网电源、储能单元有功出力已加至最大，系统频率仍未恢复正常，则省调值班调度员继续按《甘肃电网紧急事故情况下限电序位表》采取紧急限电措施，直至频率恢复正常。

6.4.3　系统频率低于 49.00 赫兹时的处置：

6.4.3.1　系统内所有并网电源、储能单元应根据事故过负荷能力，不待调令增加有功出力。注意线路输送功率不得超过稳定极限。

6.4.3.2　水电厂备用机组应立即不待调令并网运行，并根据调度指令增加出力。

6.4.3.3　甘肃各级调度机构值班调度员应立即按照《甘肃电网紧急事故情况下限电序位表》采取紧急限电措施，15 分钟内使频率恢复到 49.80 赫兹以上。

6.4.3.4　装设有低频减载装置的厂（场）站运行值班人员（或输变电设备运维人员）应检查装置动作情况，停运达到相应动作频率未跳闸的线路。低频减载装置所切负荷，未经值班调度员许可不得擅自恢复供电。

6.4.3.5　当系统频率恢复至 49.80 赫兹以上时，并网电源、储能单元的有功出力调整及所限负荷恢复均按值班调度员调度指令执行。

6.4.4　系统频率高于 50.20 赫兹时的处置：

6.4.4.1　省调值班调度员应按西北网调值班调度员要求立即降低并网电源有功出力，将处于放电状态的储能单元立即停止放电并转为充电状态，直至频率恢复至正常。

6.4.4.2　装有高频切机装置的并网电源，当频率已高至动作值而装置未切机时，厂（场）站运行值班人员应手动解列该并网电源。

6.4.4.3　安控装置应动作切机而未切除的并网电源、储能单元，厂（场）站运行值班人员应手动解列该并网电源、储能单元。

6.4.4.4　当常规能源调整容量不足时，值班调度员可采取限制新能源发电出力的措施，以确保电网频率稳定。

6.5　电网电压异常处置

6.5.1　系统正常运行时，330 千伏、220 千伏系统电压监视控制点电压偏差不得超出电压曲线值±5%且延续时间超过 30 分钟。

6.5.2　为保持系统静态稳定和保证电能质量符合标准，发电机最低运行电压均不得低于额定值的 90%。

6.5.3　各厂（场）站应按各级调度机构发布的电压曲线和有关规定进行电压监视和调整。当运行电压异常时，值班监控员、厂（场）站运行值班人员（或输变电设备运维人员）应立即汇报相应调度机构值班调度员。

6.5.4　当监视点和控制点运行电压超出电压曲线范围时，调度机构应立即采取措施（包括调整并网电源及储能单元无功出力、投切无功补偿装置、调整有载调压变压器分接头、改变电网接线方式、调整联络线潮流等）使电压恢复至限额以内。

6.5.5　为保证系统静态稳定，防止系统电压崩溃，各监测点电压不得低于电压稳定极限值。当监测点电压低于电压稳定极限值时，值班监控员、厂（场）站运行值班人员（或输变电设备运维人员）应不待调令立即调用并网电源、储能单元的事故过负荷能力增加无功出力、投切无功补偿装置，调整可控高抗档位、调整 SVC 电压控制目标等，同时汇报值班调度员。值班调度员应迅速利用系统中所有的无功和有功备用容量，保持电压水平。如仍不能恢复时，应按《甘肃电网紧急事故情况下限电序位表》限制或切除部分负荷。

6.6　电网振荡故障处置

6.6.1　电网振荡故障处置的总体原则：

6.6.1.1　发生各类振荡故障时，值班调度员应根据振荡监测系统告警信息，结合电网运行情况迅速开展故障研判，采取有效控制措施抑制振荡，尽量将振荡造成的影响降至最低。

6.6.1.2　在电网发生振荡时，除厂（场）站事故处理规程规定者以外，厂（场）站运行值班员不得擅自解列并网电源、储能单元。在频率或电压下降到威胁到厂用电的安全时可按照并网电厂（场、站）规程将并网电源、储能单元（部分或全部）解列，并立即向值班调度员汇报。

6.6.1.3　若因线路、变压器等设备停电操作引起电网振荡，值班调度员应立即下令恢复线路、变压器等设备送电。如因并网电源、储能单元并列操作引起系统低频振荡，厂（场）站运行值班人员应立即解列该并网电源、储能单元。

6.6.1.4　若因设备事故跳闸引起电网振荡，值班调度员应立即按规定控制相关断面、联络线等潮流，有条件时尽快恢复跳闸设备。

6.6.1.5　若因发电机失磁而引起电网振荡时，厂（场）站运行值班人员应立即将失磁的机组解列，并向值班调度员汇报。

6.6.1.6　振荡故障处置期间，下级值班调度员应严格服从上级值班调度员指挥，协同做好故障处置。

6.6.2　发生电网同步振荡时（包括单一机组/新能源场站/储能电站功率振荡），按以下原则处置：

6.6.2.1　值班调度员应立即下令退出相应机组/新能源场站/储能电站的 AGC、AVC 及一次调频功能，同步通知厂（场）站运行值班人员检查机组调速器、励磁调节器、PSS、汽轮机调门、水轮机导叶等设备运行情况。若水电机组发生超低频振荡，值班调度员应与水电厂运行值班人员确认机组调速器模式是否切换至频率模式。

6.6.2.2　根据振荡传播路径，降低振荡送端机组有功出力、提高受端机组有功出力，同时提高送受端电压水平。将新能源有功出力降至零，储能电站（含配建储能）停止放电/充电，SVG 停止运行。

6.6.2.3　如因输变电设备停电或跳闸、发电机并网、调速器、励磁调节器或 PSS 状态变化引起电网低频振荡，具备条件时应尽快将上述设备恢复至初始状态。

6.6.2.4　若相关控制措施用尽后，振荡现象仍未消失或振荡幅值、范围有持续扩大趋势，值班调度员可立即下令振荡源机组紧急停机（拍停机组），或下令拉停新能源场站/储能电站汇集（上网）线路。

6.6.3　发生电网次同步振荡时，按以下原则处置：

6.6.3.1　值班调度员接到次同步振荡告警或电话汇报后，应梳理近区是否存在可能引发次同步振荡的设备（新能源、串补、直流）以及次同步振荡对近区设备的影响。

6.6.3.2　值班调度员按照距振荡源由近及远的顺序，采取降低火电出力、降低直流出力（配合上级调度执行）、停运新能源、停运串补等处置措施。

6.6.3.3　若上述措施用尽后，振荡现象仍未消失，视振荡持续时间、幅值以及对电网影响，值班调度员可立即下令振荡源机组紧急停机（拍停机组），或配合上级调度停运直流。

6.6.4　发生电网异步振荡时，在未出现机组脱网、损失负荷时，按以下原则处置：

6.6.4.1　频率升高的并网电厂（场、站），可不待调度指令，立即降低并网电源、储能单元有功出力，使频率下降，直至振荡消失或频率降至合理范围内，事后应向相关调度机构值班调度员汇报。

6.6.4.2　频率降低的并网电厂（场、站），应立即采取措施，使频率升高，直至频率升至合理范围内。为控制频率不越限，值班调度员可下令在频率降低的地区进行事故限电。

6.6.4.3　并网电厂（场、站）值班员可不待调度指令，退出并网电源、储能单元的 AGC、AVC 及一次调频功能，提高并网电源、储能单元无功出力，尽可能使电压升高至最大允许值，事后应向相关调度机构值班调度员汇报。

6.6.4.4　若上述措施用尽后，失去同步的电网仍无法恢复正常运行，或已发生机组脱网、损失负荷等情况，值班调度员应立即将失去同步的部分解列运行，防止扩大故障范围。

6.7　局部电网解列故障处置

6.7.1　局部电网解列后，首先应恢复各系统频率至正常值，必要时可拉闸限电以恢复系统频率，然后尽快恢复局部电网与主网并列。

6.7.2　局部电网解列后，值班调度员应立即指定局部电网的调频电厂，频率调整范围 50±0.50 赫兹，调频电厂的选择应遵循以下原则：

6.7.2.1 具有足够的调频容量，可满足系统负荷的最大增、减变量。
6.7.2.2 具有足够的调整速度，可适应系统负荷的最快增、减变量。
6.7.2.3 在系统中所处的位置合理，其与系统间的联络通道具备足够的输送能力。
6.7.3 当局部电网全停时，值班调度员应按下述原则处置：
6.7.3.1 对失去厂用电源的发电厂（场、站）尽快恢复其厂用电源。
6.7.3.2 向重要用户送出保安电源。
6.7.3.3 尽快恢复局部电网供电。
6.7.3.4 向限电用户恢复供电。

6.8 电网稳定破坏故障处置

6.8.1 电网稳定破坏后，应迅速采取措施，尽快将失去同步的部分解列运行，防止扩大故障范围。
6.8.2 为使失去同步的电网能迅速恢复正常运行，并减少操作，在满足下列条件的前提下可以不解列，允许局部电网短时非同步运行，而后再同步：
6.8.2.1 发电机的振荡电流在允许范围内，不致损坏电网重要设备。
6.8.2.2 枢纽变电站或重要用户变电站的母线电压波动最低值在额定值的75%以上，不致甩掉大量负荷。
6.8.2.3 电网只在两个部分之间失去同步，通过预定调节措施，能迅速恢复同步运行。
6.8.3 电网发生稳定破坏，又无法确定合适的解列点时，应采取适当措施使之再同步，防止电网瓦解并尽量减少负荷损失，主要处置措施按本规程第6.6.4节所述原则执行。

6.9 线路故障处置

6.9.1 线路故障跳闸后，值班调度员应立即按相关规定控制断面潮流和母线电压、更改安控方式，并及时试送。
6.9.2 线路故障跳闸后，值班监控员、厂（场）站运行值班人员（或输变电设备运维人员）应立即收集故障相关信息并汇报值班调度员，由值班调度员综合考虑跳闸线路的有关设备信息并确定是否试送。若有明显的故障现象或特征，应查明原因后再考虑是否试送。

6.9.3　线路试送前应考虑：

6.9.3.1　正确选择试送端，应选择对系统稳定影响较小的一侧试送，使电网稳定不致遭到破坏。在局部电网与主网联络线跳闸试送时，一般由主网侧试送，局部电网侧并列。

6.9.3.2　试送前，要检查重要线路的输送功率在规定限额内，必要时应降低有关线路的输送功率或采取提高电网稳定的措施。

6.9.3.3　对试送端电压进行控制，对试送后首、末端及沿线电压做好估算，避免引起过电压。

6.9.3.4　线路试送开关必须完好，且具有完备的继电保护。

6.9.4　线路发生故障后，在检查站内一、二次设备正常且故障测距明显不在站内的，一般允许试送一次（原则上发生三相故障后线路未经检查不得试送），若试送失败，如无特殊要求或无电网紧急需要，原则上不再进行第二次试送。

6.9.5　充电线路、试运行线路、电缆线路、具有严重缺陷的线路故障跳闸，未查明原因前不得试送。

6.9.6　线路故障跳闸后，若开关的故障切除次数已达到规定次数，或开关受遮断容量、合闸电阻或其他原因限制不允许使用重合闸或不允许试送，值班监控员、厂（场）站运行值班人员（或输变电设备运维人员）应及时向相关调度机构汇报，并提出运行建议。

6.9.7　线路保护和高抗保护同时动作跳闸时，应按线路和高抗同时故障考虑，在未查明高抗保护动作原因和消除故障之前不得进行试送。线路允许不带高抗运行时，如需对故障线路送电，在试送前应将高抗退出。

6.9.8　有带电作业的线路故障跳闸后，试送电的规定如下：

6.9.8.1　值班调度员应与相关单位确认线路具备试送条件，方可按上述有关规定进行试送。

6.9.8.2　带电作业的线路跳闸后，带电作业工作人员应视设备仍然带电，并尽快联系值班调度员，值班调度员未与工作负责人取得联系前不得试送线路。

6.9.8.3　线路故障跳闸后，值班调度员应及时将相关故障信息告知线路运维单位并令其查线，并明确告知其是否为带电查线，查线人员未经调度许可，不得进行任何检修工作。

6.9.9　在 24 小时内一条线路跳闸次数达到 4 次或同一条线路的同一相别跳闸 3 次以后，值班调度员应下令退出该线路重合闸并将该线路转入紧急抢修状态，立即通知线路运维单位查找故障、处理缺陷。若该线路停运或该线路停运后再发生电网故障，有可能导致厂（场）站全停、局部孤网、电网失稳等极端情况或对电力保供产生严重影响，值班调度员可不下令退出该线路重合闸或停运该线路。

6.9.10　线路走廊发生山火的处置原则：

6.9.10.1　线路走廊发生山火存在线路跳闸风险时，值班调度员应根据电网实际运行情况调整运行方式，降低运行风险，加强运行监视，并做好线路跳闸事故预案。

6.9.10.2　线路走廊发生山火存在线路跳闸风险时，值班调度员根据线路运维单位申请或建议采取退出线路重合闸、控制线路潮流、停运线路等措施。若该线路停运或该线路停运后再发生电网故障，有可能导致厂（场）站全停、局部孤网、电网失稳等极端情况或对电力保供产生严重影响，值班调度员可不下令退出该线路重合闸或停运该线路。

6.10　线路故障远方试送规定

6.10.1　线路故障停运后，值班监控员立即通知输变电设备运维人员赴现场检查，并收集监控告警、故障录波、在线监测、工业视频等相关信息，对线路故障情况进行初步分析判断，及时汇报值班调度员。值班调度员应根据值班监控员、输变电设备运维人员汇报情况及综合智能告警等信息进行综合分析判断，并确定是否对线路进行远方试送，因信息缺失或相互矛盾无法判断，待运维人员现场检查后，再决定是否试送。

6.10.2 当输变电设备运维人员尚未到达现场进行设备检查，但急需试送电时，值班监控员在确认满足以下条件后，值班调度员方可下令进行远方试送电：

6.10.2.1 线路主保护正确动作、信息清晰完整，且无母线差动、开关失灵等保护动作。

6.10.2.2 对于带高抗、串补运行的线路，高抗、串补保护未动作，且没有未复归的反映高抗、串补故障的告警信息。

6.10.2.3 具备工业视频条件的，通过工业视频未发现故障线路间隔设备有明显漏油、冒烟、放电等现象。

6.10.2.4 没有未复归的影响故障线路间隔一、二次设备正常运行的异常告警信息。

6.10.2.5 集中监控功能（系统）不存在影响故障线路间隔远方操作的缺陷或异常信息。

6.10.3 线路故障停运后，值班调度员对于符合试送条件的应立即下令对线路实施远方试送操作。若试送不成功，但电网运行急需，经分管领导批准后可再次试送。

6.10.4 当遇到下列情况时，不允许对线路进行远方试送电：

6.10.4.1 厂（场）站运行值班人员（或输变电设备运维人员）汇报站内设备不具备远方试送操作条件。

6.10.4.2 输变电设备运维人员已汇报由于严重自然灾害、外力破坏等导致出现断线、倒塔、异物搭接等明显故障点，线路不具备恢复送电条件。

6.10.4.3 故障可能发生在电缆段范围内。

6.10.4.4 故障可能发生在站内（含故障点保护测距 5 千米以内）。

6.10.4.5 线路有带电作业且未经相关工作人员确认该线路具备送电条件。

6.10.4.6 用户要求重合闸不投的专线，跳闸后未了解对端设备情况，不得进行试送。

6.10.4.7　相关规程规定明确要求不得试送的情况。

6.10.5　输变电设备运维人员到达现场后，应立即告知值班调度员，检查确认相关一、二次设备运行情况，并及时汇报值班调度员。若此时线路尚未恢复运行，应由输变电设备运维人员确认线路具备试送条件后，再由值班调度员决定试送方式。

6.11　变压器及高压电抗器故障处置

6.11.1　变压器、高压电抗器的重瓦斯保护或差动保护之一动作跳闸，一般不进行试送。经检查确认内、外部无故障时，可试送一次，有条件时应进行零起升压。轻瓦斯保护动作发出信号后应注意检查并适当降低输送功率。

6.11.2　变压器、高压电抗器后备保护动作跳闸，在找到故障点并有效隔离、确定本体及引线无故障后，可试送一次。

6.11.3　中性点接地的变压器故障跳闸后，值班调度员应按规定调整其他运行变压器的中性点接地方式。

6.12　母线故障处置

6.12.1　母线发生故障或失压后，厂（场）站运行值班人员（或输变电设备运维人员）应不待调令立即断开失压母线上全部开关，并立即报告值班调度员。

6.12.2　母线故障停电后，厂（场）站运行值班人员（或输变电设备运维人员）应立即对停电母线进行外部检查，并将检查情况汇报值班调度员，值班调度员应按以下原则进行处置：

6.12.2.1　找到故障点并能迅速隔离的，在隔离故障后对停电母线恢复送电。

6.12.2.2　找到故障点但不能隔离的，将该母线转为检修。

6.12.2.3　确认母线故障但找不到故障点的，一般不得对停电母线试送。

6.12.2.4　对停电母线进行试送时，应优先采用外来电源。试送开关必须完好，并有完备的继电保护。有条件者可对故障母线进行零起升压。

6.12.3　双套母差保护配置的母线，若确是其中一套母差保护误动，退出该套误动保护后，尽快恢复失压母线送电。

6.12.4　若由于开关拒动，开关失灵保护或其他后备保护动作造成母线失压，应迅速将故障点隔离，确认母线无故障后，尽快恢复失压母线送电。

6.13　输电断面功率越限及设备过负荷处置

6.13.1　受端电网发电厂（场、站）、储能电站增加有功出力，并提高电压。

6.13.2　送端电网发电厂（场、站）、储能电站降低有功出力，并提高电压。

6.13.3　改变电网运行方式，调整潮流分布。

6.13.4　受端电网限电。

6.13.5　涉及多级调度机构调管范围的输电断面，由最高一级调度机构按照既定原则统一进行指挥调整。

6.13.6　变压器过负荷允许值按设备管理部门给定值执行。

6.14　开关故障处置

6.14.1　开关操作时或运行中发生非全相运行，值班监控员、厂（场）站运行值班人员（或输变电设备运维人员）应立即断开该开关，并立即汇报值班调度员。若非全相运行开关无法断开，则值班调度员应立即将该开关的电流降至最小，然后将该开关隔离。

6.14.2　开关因本体或操动机构异常出现“重合闸闭锁”，厂（场）站运行值班人员（或输变电设备运维人员）检查确认该开关操作压力短时间内无法恢复时，值班调度员应立即下令断开该异常开关。

6.14.3　开关因本体或操动机构异常出现“合闸闭锁”尚未出现“分闸闭锁”时，值班调度员应立即下令断开该异常开关。

6.14.4　开关因本体或操动机构异常出现“分闸闭锁”时，值班调度员应尽快下令将该闭锁开关从运行系统中隔离。可采取下列措施，使故障开关停电：

6.14.4.1 用断开本厂（场）站其他开关的办法，使故障开关停电。

6.14.4.2 用旁路开关代故障开关运行，然后拉开故障开关两侧刀闸的办法，使故障开关停电。

6.14.4.3 用断开其他厂（场）站开关的办法，使与故障开关连接的回路断开，从而使故障开关停电。

6.14.4.4 若异常开关两侧刀闸拉环流试验合格并经设备管理部门认可，在满足相关条件时，可用刀闸拉开环流隔离异常开关；未经过试验或不满足条件时，严禁用刀闸拉开环流隔离异常开关。

6.15 串联补偿装置故障处置

6.15.1 串联补偿装置因故障停运，未经检查处理，不得试送。

6.15.2 因线路故障等其他原因导致带串补装置的线路停运时，如需对线路试送，需将串补装置退出，再进行试送，线路试送成功后再投入串补装置。

6.16 互感器故障处置

6.16.1 线路任意一侧电压互感器发生明显异常情况（油位异常升高、喷油、冒烟、内部放电等）无法正常运行时，原则上线路应配合停运，并转至冷备用或检修状态。

6.16.2 母线电压互感器发生异常或故障，厂（场）站运行值班人员（或输变电设备运维人员）应按厂（场）站规程规定进行处理，并采取倒母线等措施尽快隔离故障电压互感器，无法隔离的应将母线转至冷备用或检修状态配合处理。

6.16.3 电流互感器发生明显异常情况（渗油、异响、绝缘破坏等）无法正常运行时，原则上对应开关应配合停运，并转至冷备用或检修状态。

6.16.4 保护装置发出 CT 断线及差流、零序电流异常告警，而 CT

本体无明显异常的，按照本规程 9.4.11 条规定处置。

6.16.5　保护装置发出 PT 断线异常告警，而 PT 本体无明显异常的，按照本规程 9.4.12 条规定处置。

6.17　直流电源系统故障处置

6.17.1　厂（场）站发生直流电源系统异常，厂（场）站运行值班人员（或输变电设备运维人员）应立即进行检查处理，若对运行的一、二次设备产生影响，则立即按调管范围汇报相应值班调度员。

6.17.2　厂（场）站运行值班人员（或输变电设备运维人员）确认厂（场）站直流电源系统部分失电时，应立即按厂（场）站规程规定处理，尽快隔离故障直流电源设备，恢复失电直流电源设备运行，并汇报值班调度员。若失电部分短时间内无法恢复时，值班调度员应立即下令断开失去保护的一次设备开关。

6.17.3　厂（场）站运行值班人员（或输变电设备运维人员）确认厂（场）站直流电源系统全部失电时，应立即汇报值班调度员，值班调度员应立即按相关厂（场）站全停事故预案进行处置。

6.18　二次设备异常处置

6.18.1　继电保护和安全自动装置发生异常或缺陷，主要处置措施按本规程 9.4 节所述原则执行。装置的异常或缺陷应在装置退出运行后及时处理。

6.18.2　查找厂（场）站直流电源系统接地，需拉、合保护直流电源时，应将本站该路直流电源所涉及的所有保护退出运行。

6.18.3　AVC 子站功能异常，不能正常控制厂（场）站无功电压设备时，值班监控员、厂（场）站运行值班人员（或输变电设备运维人员）应汇报相关调度机构，退出相关厂（场）站 AVC 子站功能。AVC 子站功能退出期间，值班监控员、厂（场）站运行值班人员（或输变电设备运维人员）应按照电压曲线及控制范围调整母线电压。

6.18.4　接入 AGC 系统的并网电源、储能单元发生异常或 AGC 功能不能正常运行时，厂（场）站运行值班人员可向值班调度员申请退出 AGC，并按值班调度员指令控制并网电源、储能单元有功出力。异常处理完毕后，应立即向值班调度员汇报并由值班调度员下令投入并网电源、储能单元 AGC。

6.19 调度通信联系中断处置

6.19.1 调度机构、厂（场）站运行值班单位及输变电设备运维单位的调度通信联系中断时，相关单位应尽快恢复通信联系。在未取得联系前，通信联系中断的调度机构、厂（场）站运行值班单位及输变电设备运维单位，应暂停可能影响系统运行的设备操作。

6.19.2 当厂（场）站与调度机构通信中断时：

6.19.2.1 有调频任务的并网电厂（场、站）仍负责调频工作。其他并网电厂（场、站）均应按相关规定协助调频。各厂（场）站还应按规定的电压曲线进行电压调整。

6.19.2.2 厂（场）站的运行方式应尽可能保持不变。

6.19.2.3 厂（场）站设备检修工作在通信中断期间完工，只能待通信恢复正常后，再由值班调度员下令恢复运行。

6.19.3 当发令人已下达调度指令，受令人未复诵指令或虽已复诵指令，但在未经发令人同意执行操作前失去通信联系，则该调度指令不得执行。若发令人已同意执行操作，可将该调度指令执行完毕。若发令人未接到完成调度指令的汇报，与受令人失去通信联系，则仍认为该调度指令正在执行。

6.19.4 凡涉及电网安全问题或时间性没有特殊要求的调度业务联系，失去通信联系后，在与值班调度员联系前不得自行处理；紧急情况下按厂（场）站规程规定处理。

6.19.5 通信中断情况下发生电网故障，应按以下原则处理：

6.19.5.1 当电网频率异常时，各并网电厂（场、站）按照频率异常处理规定执行，并注意线路输送功率不得超过稳定限额，如超过稳定极限，应自行调整出力。

6.19.5.2　电网电压异常时，值班监控员、厂（场）站运行值班人员（或输变电设备运维人员）应及时按规定调整电压，视电压情况投切无功补偿设备。

6.19.5.3　通信恢复后，值班监控员、厂（场）站运行值班人员（或输变电设备运维人员）应立即向值班调度员汇报通信中断期间的处置情况。

6.19.6　根据相关规定要求，必要时启用备调。

6.20　调度自动化系统主要功能失效处置

6.20.1　发生 AGC 系统故障，控制指令无法正确下发时，省调值班调度员通知所有直调厂（场）站发电设备、储能设备 AGC 改为就地控制方式，保持发电出力、储能出力不变，后续按照值班调度员指令调整。

6.20.2　发生 SCADA 系统故障，电网电压、潮流等数据无法正确上传时，省调值班调度员应通知所有直调厂（场）站加强设备运行状态及线路潮流、母线电压监视，发生异常情况及时汇报；通知相关地调值班调度员加强本地区电网运行监视，委托其监视主网重要断面潮流及母线电压。必要时请上级调度机构协助监视。

6.20.3　调度自动化系统故障全停期间，原则上除电网异常故障处置外，不进行任何电网倒闸操作、新设备启动。

6.20.4　当调度自动化系统故障导致主要功能失效时，值班调度员应停止对系统相关功能模块进行操作，并通知自动化值班人员处理。自动化值班人员确认消缺完成前其他人员均不得使用故障功能模块。

6.20.5　当现货市场技术支持系统故障，影响计划出清、安全校核等主要功能时，值班调度员应通知相应发电厂（场、站）、储能电站停止按照现货市场出清计划调整出力，并通过 AGC、调度电话及其他可行方式下发出力指令，确保电网安全运行。

6.20.6　调度自动化系统发生严重故障，影响调度业务正常开展时，按相关规定启用备调。

第七章　电 网 稳 定 管 理

7.1　稳定管理总体要求

7.1.1　电网稳定管理依据《电力系统安全稳定导则》等标准规范和电网安全稳定管理工作规定等规章制度，按照“统一管理、分级负责”原则实施，包括电网安全稳定分析、电网运行方式安排、无功电压管理、稳定限额管理、安全稳定措施管理以及电网运行控制策略管理等工作。

7.1.2　甘肃电网及所属各地区电网应强化稳定管理体系，夯实电力系统稳定基础，建立规划设计、建设、运维、调度、安全监督和科研试验等电网稳定协同管理机制，确保稳定工作要求全过程、全环节、全方位落实。

7.1.3　电网中长期规划，2 年～3 年滚动分析校核，年度、夏（冬）季、月度、临时运行方式必须按照统一标准开展稳定分析。

7.2　稳定分析管理

7.2.1　电网稳定分析计算依据《电力系统安全稳定计算技术规范》，统筹制定计算边界条件和计算分析大纲，按照“统一程序、统一模型、统一稳定判据、统一计算方式、统一计算任务、统一协调控制策略”的原则开展。

7.2.2　省调应建立覆盖调管范围内 220 千伏以上发、输、变电设备的统一系统仿真模型，并基于全网互联计算数据开展稳定计算工作。影响主网稳定的 110 千伏及以下电网，应按标准开展建模仿真，充分分析分布式电源对电网稳定的影响。

7.2.3　省调（地调）根据安全稳定分析结果制定电网运行方式，确定稳定限额和安全稳定措施等，并按要求报国调、网调（省调）。

7.2.4　省调（地调）制定的稳定控制策略应服从国调、网调（省调）稳定控制要求，稳定控制策略必须通过联网计算故障集合校验。

7.3　稳定限额及断面管理

7.3.1　省调执行与国调、网调统一的输电断面稳定限额。对关联输电断面稳定限额的制定，按照下级服从上级的原则，由上级调度机构统筹管理。

7.3.2　省调负责编制《甘肃电力系统稳定运行规程》（简称稳定规程）。稳定规程一般一年修订或补充一次，遇有电网结构或电网运行方式发生重大变化时，应及时修订或补充。

7.3.3　各单位必须按照稳定规程规定的稳定限额监视、控制输电断面功率。

7.3.4　当输电断面功率接近稳定限额或值班调度员临时下达的功率限额时，值班监控员、厂（场）站运行值班人员（或输变电设备运维人员）应立即报告值班调度员，以便及时调整。

7.4　稳定控制措施

7.4.1　电网安全稳定控制措施应根据《电力系统安全稳定导则》规定的安全稳定标准制定。

7.4.2　安全稳定控制系统原则上按分层分区配置，各级稳定控制措施必须协调配合。稳定控制措施应优先采用切机、直流调制，必要时可采用切负荷、解列局部电网等措施。

7.4.3　甘肃 750 千伏以上主网控制原则按照国调及网调统一下达的安全稳定控制方案执行；低频自动减负荷方案按照网调统一下达的省级电网低频自动减负荷方案执行。

7.4.4　第二、三道防线切负荷措施应确保足额可靠，同时考虑负荷变化和分布式电源对切负荷量的影响。

7.5　运行方式管理

7.5.1　各级电网的运行方式应协调统一，低电压等级电网的运行方式应满足高电压等级电网运行方式的要求。

7.5.2　甘肃电网运行以年度运行方式为基础，结合电网夏季、冬季运行特点以及重大方式变更，滚动制定电网夏季、冬季、临时运行方式以及控制策略。

7.5.3　省调统一管理甘肃电网运行方式，组织各地调、甘肃电科院集中开展年度运行方式、夏（冬）季滚动校核和重大专题等运行方式分析工作，统筹确定甘肃电网运行方式。地调负责落实主网稳定控制要求，制定地区电网运行方式。

7.5.4　年度运行方式：

7.5.4.1　年度运行方式是电网全年生产运行的指导性文件。电网年度运行方式的制定，应根据电网和电源投产计划、检修计划、发输电计划及电力电量平衡预测，统一确定电网运行限额，统筹制定电网控制策略，协调电网运行、工程建设、大修技改、生产经营等管理工作。

7.5.4.2　甘肃电网年度运行方式由省调统一组织编制，发展、建设、设备、营销、交易等部门配合，经国网甘肃省电力公司批准后执行。

7.5.4.3　根据甘肃电网年度运行方式，各地调负责制定各地区电网年度运行方式，经市（州）供电公司批准后执行，并报省调备案。县（配）调应按照地调相关规定，编制配电网年度运行方式，并报地调备案。

7.5.4.4　年度运行方式主要包括以下内容：

7.5.4.4.1　上年度电网运行总结。

1）上年度新设备投产情况及系统规模。

2）上年度生产运行情况分析。

3）上年度电网安全运行状况分析。

7.5.4.4.2　本年度运行方式。

1）电网新设备投产计划。

2）电力生产需求预测。

3）电网主要设备检修计划。

4）水电厂水库运行方式（来水）预测及新能源预测。

5）本年度电网结构分析、短路容量分析。

6）电网潮流计算、$N-1$ 静态安全分析。

7）系统稳定分析及安全约束。

8）无功电压分析。

9）电网安自装置和低频低压减负荷整定方案。

10）调度系统重点工作开展情况。

11）电网运行年度风险预警。

12）电网安全运行存在的问题、电网结构的改进措施和建议。

13）下级电网年度运行方式概要。

7.5.5　夏（冬）季运行方式：

7.5.5.1　在年度方式基础上，根据夏（冬）季供需形势、基建计划以及系统特性变化等情况，省调统一组织、滚动校核电网重要断面稳定限额，统一制定夏（冬）季电网稳定运行控制要点。

7.5.5.2　省调、地调依据夏（冬）季主网稳定控制要点要求，按照调管范围制定夏（冬）季电网稳定运行规定。

7.5.6　临时运行方式：

7.5.6.1　针对电网特殊保电期、多重检修方式、系统性试验、配合基建技改等临时运行方式，调度机构应按调管范围进行专题安全校核，制定并下达安全稳定措施及运行控制方案。

7.5.6.2　对上级调度机构调管的电网运行有影响的运行控制方案，应报上级调度机构批准；对同级调度机构调管的电网运行有影响的，应报上级调度机构协调处理，统筹制定运行控制要求。

7.5.7　在线安全稳定分析：

7.5.7.1　省调、地调应按规定开展在线安全稳定分析，评估电网安全裕度，做好电网运行关键指标监视和评估，合理调整电网运行方式。

7.5.7.2 电网重大方式调整前，或存在自然灾害（雷电、覆冰、台风、山火等）风险时，应启动独立或联合预想方式在线分析；电网发生严重故障后，应启动独立或联合应急状态在线分析。

7.5.7.3 在线安全稳定分析应涵盖所有 220 千伏以上输变电设备，并根据实际情况合理向更低电压等级拓展。模型及参数应与离线计算保持一致，故障集全网统一。针对自然灾害风险开展的预想分析，可依据输变电设备台账信息（同杆并架、紧凑型、地理位置、交叉跨越等）合理设置故障集。

7.6 电网黑启动管理

7.6.1 甘肃电网黑启动由省调统一指挥、分级管理。黑启动的基本任务为：对内恢复厂用电，对外恢复电网；即在机组（电源）自启动后对电网进行送电。

7.6.2 省调、地调应制定本电网黑启动调度操作方案，黑启动方案原则上一年修订一次（当电网结构发生重大变化时应及时修订）。

7.6.3 省调、地调应适时组织开展本地区局部电网的黑启动试验，有关单位应根据方案的要求积极配合开展工作，确保黑启动试验方案的正确性、适用性。

7.6.4 甘肃电网内的发电企业应按照省调要求制定本单位黑启动方案并进行试验，黑启动试验方案和结果及时上报省调备案。

7.6.5 甘肃电网内所有具备黑启动能力的水电厂和通过黑启动试验的新能源电站、储能电站为黑启动电源。被确定为黑启动电源的水电厂和新能源电站、储能电站改（扩）建后，在启动阶段必须按规定进行黑启动试验。

7.6.6 对确定为甘肃电网黑启动电源的水电厂、新能源电站和储能电站必须每年进行一次黑启动试验，调度机构应对黑启动试验方案进行审查。

7.6.7 具备黑启动能力的发电厂（场、站）、储能电站应于每年 9

月底前报送次年黑启动试验计划，试验前应提前一个月向调度机构提出申请，许可后进行。

7.6.8　具备黑启动能力的并网发电机组，因自身原因无法进行黑启动时，应及时向省调汇报，无法进行黑启动期间，按相关规定进行考核。

7.6.9　电网黑启动原则：

7.6.9.1　根据方案和电网实际情况正确选择黑启动电源。

7.6.9.2　恢复重要负荷。

1）启动黑启动电源附近大容量机组。

2）恢复重要枢纽变电站。

3）恢复重要用户。由于政府部门、调度机构和通讯（信）部门在黑启动过程中扮演决策、指挥、调度和通信的重要角色，应考虑优先保证送电。

7.7　系统低频、低压自动减负荷装置管理

7.7.1　为保证电网的安全运行及重要用户不间断供电，在系统频率或电压因故严重下降时，应能自动切除部分次要负荷，因此，系统内应配置足够数量的低频自动减负荷（简称低频减负荷）装置及低压自动减负荷（简称低压减负荷）装置。

7.7.2　低频、低压减负荷装置的切荷量按《甘肃电网年度运行方式》执行。

7.7.3　低频减负荷装置的整定原则：

7.7.3.1　确保全网及解列后的局部电网频率恢复到 49.50 赫兹，并不得高于 51.00 赫兹。

7.7.3.2　在各种运行方式下低频减负荷装置动作，不应导致系统其他设备过载和联络线超稳定极限。

7.7.3.3　系统功率缺额造成频率下降不应使大机组低频保护动作。

7.7.3.4　根据负荷性质确定低频减负荷顺序：次要用户先切除、较重要的用户后切除。

7.7.3.5 低频减负荷装置所切负荷不应被自动重合闸再次投入，并应与其他自动装置配合使用。

7.7.3.6 全网低频减负荷整定切除负荷数量应按年预测最大负荷计算，并对可能发生的事故进行校验，然后按用电比例分解到各地区。

7.7.3.7 安排低频减负荷切荷量时要充分考虑一定的备用容量以代替因故停运的负荷，其量应不小于最大负荷的3%。

7.7.4 低压减负荷装置的整定原则：

7.7.4.1 低压减负荷装置主要配置在远离电源点、无功支撑不足的电网，为了确保重要用户的安全可靠供电，能够有计划地根据电压下降情况自动切除足够数量的较次要负荷。

7.7.4.2 在各种运行方式下低压减负荷装置动作，不应导致系统其他设备过载和联络线超稳定极限。

7.7.4.3 低压减负荷方案按低压减负荷后电压恢复到85%额定电压以上考虑。

7.7.4.4 根据负荷性质确定低压减负荷顺序：次要用户先切除、较重要的用户后切除。

7.7.4.5 低压减负荷装置所切负荷不应被自动重合闸再次投入，并应与其他自动装置配合使用。

7.7.4.6 需要配置低压减负荷装置的电网其低压减负荷整定切除负荷数量应按年预测最大负荷计算，并对可能发生的事故进行校验。

7.7.4.7 安排低压减负荷切荷量时要充分考虑一定的备用容量以代替因故停运的负荷，其量应不小于最大负荷的3%。

7.7.5 省调根据网调下达的低频、低压减负荷方案，制定甘肃电网低频、低压减负荷方案，并定期校验和调整。

7.7.6 各地调应根据省调下达的低频、低压减负荷方案，编制本地区电网低频、低压减负荷方案，并逐级落实到有关厂（场）站，各轮次的切荷量不小于省调下达方案中的规定值。

7.7.7 地区电网在制定电网低频、低压减负荷方案时，要考虑局部电网的切荷量满足要求。

7.7.8 低频、低压自动减负荷装置的运行管理：

7.7.8.1 低频、低压减负荷装置正常均应投入运行，未经调度机构同意，不得擅自退出。

7.7.8.2 若低频、低压减负荷装置因故退出，在系统频率或电压降到该装置的启动值时，应手动切除该装置所控制的线路负荷。在采取负荷控制措施情况下，低频、低压减负荷装置实际切除负荷容量仍应满足方案要求。

7.7.8.3 必须保证低频、低压减负荷装置能有效切除负荷，不允许使用备自投装置恢复负荷。低频、低压减负荷装置动作切除的负荷恢复送电前，需经省调值班调度员同意。

7.7.8.4 各地区供电公司管辖内的低频、低压减负荷装置应按有关规程定期检验和处理缺陷，保证可靠投入运行，并将自查分析结果报省调。

7.7.8.5 电网发生事故时，如出现系统频率低于低频减负荷装置整定值的情况或系统电压低于低压减负荷装置整定值的情况，各地调值班调度员应及时了解低频、低压减负荷装置动作情况，动作时间和切除的负荷量，并及时报告省调值班调度员；事故后各地调还应向省调书面报送所调管范围内低频、低压减负荷装置的动作情况分析与评价报告。

第八章　并网电源及储能调度管理

8.1　并网电源调度管理

8.1.1　并网电源并网管理

8.1.1.1　并网电源应纳入电力系统统一规划、设计、运行管理，满足《电网运行准则》（GB/T 31464）、《电力系统网源协调技术导则》（GB/T 40594）等相关标准要求。

8.1.1.2　风电场并网应满足《风电场接入电力系统技术规定》（GB/T 19963）要求。光伏电站并网应满足《光伏发电站接入电力系统技术规定》（GB/T 19964）要求。储能电站并网应满足《电化学储能电站接入电网技术规定》（GB/T 36547）要求。

8.1.1.3　并网电源［含新（改、扩）建的电源］接入系统（含涉网二次系统）的可研、初设和设计审查等工作必须有调度机构参加。

8.1.1.4　并网电源建设须按照接入系统审查意见实施，未经电网企业同意，私自变更建设内容、设备参数的，将作为并网条件确认否决因素，不予并网。确需改变建设容量、设备参数的，应履行接入系统审查意见变更手续。

8.1.1.5　并网电源并网前必须与电网企业签订《并网调度协议》。

8.1.1.6　并网电源并网前须完成发电机励磁系统、调速系统、PSS、发电机进相能力、AGC、AVC、一次调频等调试试验，其性能和参数应符合电网安全稳定运行需要，调试由具有资质的机构进行，调试报告应提交相应调度机构，相关参数按调度机构要求整定。

8.1.1.7　并网电厂（场、站）至调度机构应具备两个以上可用的独立路由的通信通道。并网电厂（场、站）调度自动化子站设备应通过调度数据网实现与调度自动化主站系统实时数据交互。并网电厂（场、站）电能量采集终端应通过调度数据网将电量采集数据传送至调度机构。

8.1.1.8　并网电源正式并网前，应按照国家或有关行业标准或规定进行检测。按规定完成质检手续，提交型式试验等报告并经验收通过后，方可向调度机构报送并网计划。

8.1.1.9　省调是全省电源项目（含送出线路及对端间隔）并网确认工作的归口管理部门，受理电源项目的并网申请，组织相关部门和单位开展电源并网前各项条件确认工作。

8.1.2　并网电源运行管理

8.1.2.1　并网电源并网后须按相关管理制度要求按时完成各类涉网试验，试验不合格或未按要求完成的，须按相关规定限期整改。

8.1.2.2　并网电源应参与系统调频、调峰、调压，相关机组调节性能应满足相关技术标准、运行标准要求。

8.1.2.3　机组励磁系统、调速系统、涉网保护、安全自动装置、AGC、AVC、安全防护等装置的技术改造方案应满足相关标准要求并经调度机构同意。并网电源完成深度调峰等功能改造后，并网前须完成涉网试验并满足相关标准要求。

8.1.2.4　并网电源涉网保护、安全自动装置、PSS、AGC、AVC、一次调频、安全防护等应按规定投入，其运行状态及定值未经调度机构同意，不得擅自变更。

8.1.2.5　并网电源应完成机电暂态和电磁暂态建模工作，并将试验报告提交至调度机构。水电厂、火电厂、光热电站应按相关规定完成机组（含励磁、调速）参数实测及建模；新能源、储能电站应完成风电机组、光伏矩阵和储能、无功补偿设备及相关控制系统参数实测及建模。

8.1.2.6　根据电网安全稳定运行需要，100 兆瓦以上火电机组和 50 兆瓦以上水电机组应配置电力系统安全稳定器（PSS），以改善系统阻尼特性。其他容量机组由相关调度机构根据电网具体实际确定其是否配置。

8.1.2.7　100 兆瓦以上火电机组和 40 兆瓦以上水电机组均应具备参

加一次调频的能力，并网新能源场站应按照相关要求具备一次调频功能，一次调频功能参数（速度变动率、迟缓率等）应按照电网运行的要求进行整定、试验，并随机组同步投入运行。

8.2 新能源调度运行管理

8.2.1 风电场、光伏电站及光热电站应具备完整的风（光）资源和发电利用设计资料，掌握气象环境、场址地形和发电设备的基本情况，报调度机构作为新能源发电调度的依据。设计资料未经批准不得任意改变。

8.2.2 风电场、光伏电站及光热电站应做好现场观测、试验，维护整编数据信息，确保资料完备和有效。

8.2.3 风电场、光伏电站及光热电站建成投入运行后，因气象环境、发电设备等发生变化，不能按设计指标运行时，应由运行管理、设计等有关单位对新能源发电参数及指标进行复核。

8.2.4 风电场、光伏电站及光热电站应在试运行结束前完成所有涉网试验，并提交完整的涉网试验报告。涉网参数发生改变的应在规定时间内重新开展涉网试验。风电场、光伏电站涉网参数应按相关要求规定的周期（五年）开展复测，并向调度机构提交复测报告。

8.2.5 风电场、光伏电站应开展长期、中期、短期、超短期发电功率预测，预测精度满足相关标准要求。功率预测系统应具备对寒潮、降雪、沙尘等极端天气辨识及修正功能。配建储能的应具备含储能和不含储能的整站功率预测能力。

8.2.6 风电场、光伏电站应依据风（光）观测行业标准，开展测风塔和辐射监测仪等观测设备的定期维护与标定，确保实时观测数据准确可靠。

8.2.7 分布式光伏电站应按照有关标准和规定要求，向地调报送基础信息、预测功率、理论发电功率等资料。

8.2.8 地调应综合考虑电网承载能力、地区消纳水平等因素，定期开展本地区分布式电源承载力测算，依据可开放容量做好分布式电源的并网接入，掌握分布式电源并网规模及范围，建立分布式电源管理台账。

8.2.9 地调应组织开展低压分布式光伏并网条件确认工作，分布式电源项目可观可控及耐频耐压等涉网性能应参照集中式光伏管理。分布式电源所采用的逆变器、无功补偿装置等设备应通过国家授权资质并网检测机构的型式检测。

8.2.10 新建分布式电源原则上应具备“可观、可测、可调、可控”能力，并按照规定向所属地调上传实时运行数据（至少 15 分钟刷新）、基础信息、预测功率、可用发电功率等信息。

8.2.11 调度机构应开展分布式电源功率预测系统建设，具备对县域及更小颗粒度分布式电源进行短期、超短期功率预测能力，省调负责对地调预测结果进行考核评价。

8.2.12 调度机构应协同其他部门按照规定的频次和内容完成分布式电源运行数据采集，建立完善“地区—主变—馈线—配变—分布式电源”调度拓扑模型，实现分布式电源配电网精准定位。

8.2.13 调度机构应协同其他部门按照规定的控制要求完成分布式电源运行控制，控制实施部门负责对控制不成功分布式电源相关设备进行统一梳理、核查、消缺。分布式电源发电系统制造商、集成商、安装单位不得留有远方控制接口、保留控制能力。

8.3 水电调度运行管理

8.3.1 基本原则

8.3.1.1 调度机构应参照水电厂水库调度运行设计确定的任务、参数、指标及有关运用原则，在确保枢纽工程、规定的其他防护对象和电网运行安全的前提下，充分发挥水库的综合效益。

8.3.1.2 调度机构应根据电网运行需要、水电厂设备特性和水库控制要求，充分发挥水电厂在电网运行中的调峰、调频、调压、备用和黑启动等作用。

8.3.2 水库运用参数和基本资料

8.3.2.1　水电厂应具备齐全的水库运用参数和指标等设计资料，掌握水库所在流域的自然地理、水文气象、社会经济及综合利用等基本情况，报调度机构作为调度的依据。水库运用参数和指标未经批准不得任意改变。

8.3.2.2　水电厂水库调度运用的主要参数及指标应包括：水库正常蓄水位、设计洪水位、校核洪水位、汛限水位、死水位及上述水位相应的水库库容，水电站装机容量、发电量、保证出力及相应保证率，控制泄洪量等。

8.3.2.3　水电厂应编制水库运行规程及泄水闸门操作规程，并报相应调度机构备案。刘家峡水库泄水闸门由黄河上中游水量调度委员会办公室（西北网调）直接调管，其他水电站的泄水闸门由水电厂自行调度。

8.3.2.4　水库有调节能力的水电厂，应根据设计确定的开发目标、参数及指标，绘制水库调度图，并提交相应调度机构。

8.3.2.5　水电厂应按照有关行业规范，开展各项水文观测和分析、计算工作，具有年、季度调节性能的水电厂应建设水调（水情）自动化系统。

8.3.2.6　正常情况下，水电厂应每隔 5～10 年对水库运用参数和指标进行复核，定期整编流域水文、气象、水库运行等资料，并将有关部门审批后的复核结果和整编成果提交相应调度机构。

8.3.3　水文气象情报预报

8.3.3.1　水电厂应开展水库来水预报工作，预报精度符合有关标准和规范。

8.3.3.2　水电厂应与有关水文、气象部门建立联系，及时取得水情报汛信息和水文、气象预报结果。

8.3.3.3　水电厂应通过水调（水情）自动化系统向相应调度机构传送水库调度运行信息，主要包括：流域气象和水文预报结果、流域和坝址实时水雨情信息、大坝闸门启闭信息和水务计算结果。水电厂应按有关规定及时向相应调度机构提供综合利用管理部门的水库运用要求和水库调度指令等。

8.3.3.4 梯级水电厂间应建立情况相互通报机制，上游水电厂操作泄水闸门或启停发电机组时，必须主动提前向下游水电厂通报流量变化情况。

8.3.4 发电调度

8.3.4.1 水电厂年度发电计划一般采用70%～75%保证率的来水编制，同时选用其他典型频率来水计算发电量，供电力电量平衡时参考。年内各时段（季、月、旬、日等）发电计划应在前期发电计划基础上，参照相应时段水文气象预报、刘家峡水库出库计划、电网情况编制。

8.3.4.2 调度机构在确保电网和水电厂安全运行以及满足水库防洪和综合利用要求的前提下，按照国家和政府部门可再生能源消纳政策、电力市场交易规则编制日发电计划。

8.3.4.3 遇有实际来水与预计偏差较大等情况时，水电厂应及时向相应调度机构提出发电计划调整建议，调度机构可结合水库综合运用要求及电网运行实际情况进行调整。

8.3.4.4 影响水库运用的施工、检修或特殊用水要求时，水电厂应提前7日与相应调度机构沟通，并提交书面申请和相关材料，必要时应编制专题报告。当发生重大突发事件影响到水库调度运行时，水电厂应立即向相应调度机构报告并提供相关材料。

8.3.4.5 水库有调节能力的水电厂，应采用设计水库调度图与水文预报相结合的方法进行调度，根据水库调度图确定水电运行方式。除特殊情况外，不得任意超计划及超规定发电或用水，只有遭遇大于设计保证率的枯水年时，才允许降至设计年消落水位（多年调节水库）或死水位（年调节及以下水库）以下运行。

8.3.4.6 梯级水电厂的调度运行，应以梯级综合利用效益最佳为准则，根据各厂水库所处位置和特性，制定梯级水库群的调度规则和调度图。实施中应合理安排各库蓄放次序，协调各厂发电运行。

8.3.4.7 在汛期承担上、下游防洪（防凌）任务的水电厂水库，其汛期（凌汛期）防洪（防凌）限制水位以上的防洪库容的运用，必须服从有管辖权的防汛指挥机构的指挥和监督。

8.3.4.8　调度机构和水电厂应与各相关政府部门、流域管理机构建立必要的联系和协调机制。

8.3.5　防凌期黄河梯级水库调度

8.3.5.1　每年11月至次年3月为黄河上游河段防凌期。防凌期间黄河梯级水库运行须服从防凌及供水安全需要。

8.3.5.2　防凌期，刘家峡水库按照黄河水利委员会的调度指令控制出库流量。省调应加强与有关部门的联系，加强梯级水电站实时调度，协助做好防凌和供水流量控制。

8.3.5.3　防凌期间黄河梯级水电厂应适当减少调峰量，以保证柴家峡、大峡、乌金峡等水电厂下泄流量过程基本平稳。

8.3.5.4　省调应做好防凌期小流量方式下梯级水电站的运行调度，保证沿河供水安全，兼顾电网保供及新能源消纳要求。盐锅峡—乌金峡梯级水电站应保持每日出入库水量平衡，不得出现明显蓄泄变化。

8.3.6　防洪调度

8.3.6.1　黄河上游每年6至10月为汛期，其中7至9月为主汛期。白龙江流域汛期为5至10月，其中6至9月为主汛期。

8.3.6.2　汛期水库运行应在确保水库大坝安全的前提下，调蓄洪水，尽量避免或减轻下游洪水灾害。

8.3.6.3　九甸峡水库从7月1日至9月30日按照规定的防洪限制水位运行。碧口水库从6月15日至9月30日按照规定的防洪限制水位运行，5月1日至6月15日期间，如遇特殊水情，可提前降至汛限水位运行。当水库超过防洪限制水位运行或遇设计标准以上洪水时，水库调度应服从有管辖权的政府防汛部门指挥。

8.3.6.4　水电厂应在每年汛前编制本年度的水库防洪度汛预案（计划），经政府防汛部门批准后报相应调度机构备案，作为汛期水库调度的依据。

8.3.6.5 水库开启闸门泄洪时，应避免人为造峰造成或加大下游洪水灾害。原则上水库调洪过程中最大下泄流量应不超过本次入库洪水的洪峰流量。

8.3.6.6 黄河梯级水电站开门泄洪时，应按照政府防汛部门调度命令进行流量调整，调整结束后报省调备案。洮河、大通河发生洪水，九甸峡等水库泄水闸门开门泄洪时，应及时向省调备案，省调向黄河上中游水量调度委员会办公室（西北网调）汇报。

8.3.6.7 碧口水电厂负责按照大坝安全要求控制水位下降速度，及时与省调联系调整运行方式，确保大坝安全。

8.3.6.8 水电厂应在每年汛前进行泄水闸门操作系统试验，并定期进行试提，确保闸门启闭正常。

8.3.6.9 水电厂应在汛前完成泄洪、排沙建筑物的检修工作。省调直调水电厂的泄水、排沙建筑物、闸门及其启闭设备检修或进行其他影响正常运行的工作时，必须向省调报备。

8.3.7 水库排沙、排污调度

8.3.7.1 为了减轻水库的泥沙淤积，保持调节库容和保证发电机组安全运行，应遵循发电服从排沙、排沙兼顾发电的原则。

8.3.7.2 水电厂应定期监测泄水闸门前的泥沙淤积情况，及时进行门前冲淤，确保闸门随时处于正常备用状态。

8.3.7.3 当洮河出现沙峰过程并接近或达到水库排沙标准时，刘家峡水电厂应及时报告省调。

8.3.7.4 刘家峡水电厂排沙洞发电机组的运行应首先满足排沙需要，排沙与机组不能同时运行。接到开启及关闭排沙洞闸门调令后，刘家峡水电厂负责与省调联系排沙洞发电机组的启、停事宜，省调及时将发电机组启、停时间报西北网调。

8.3.7.5 当湟水、大通河来沙、来污量较大时，八盘峡及其下游水库应按照排沙、排污方式运行。电厂负责监测库区漂浮杂物和机组拦污栅压差，出现异常及时报告，省调配合其排污工作。

8.3.7.6 水库排沙、排污用水属正常生产用水，不做弃水考核。

8.3.8　生活及生态用水调度

8.3.8.1　黄河防凌期间，须保证柴家峡及大峡水库下泄瞬时最小流量不小于280立方米/秒，满足兰州市及白银市的基本用水要求。防凌期以外其他时段，柴家峡、大峡水电厂瞬时出库流量不得小于360立方米/秒，以保证兰州市、白银市断面流量满足要求；乌金峡水电厂瞬时出库流量不得小于240立方米/秒，以保证甘肃—宁夏省际断面流量满足要求。

8.3.8.2　按照黄河流域水量调度要求，洮河、大通河有关水电站出库流量应满足生态流量控制要求。

8.3.8.3　引水式水电站应按照设计或环保部门要求，保证河道基本生态流量要求。

8.3.9　水电厂事故处理及其他要求

8.3.9.1　当水电厂所有通信中断，水库正常运行或大坝安全受到威胁时，水电厂应开启或关闭泄水建筑物闸门，并将有关情况通知下游电站或受影响单位。通信恢复后，及时将情况报告相应调度机构，并尽早提交有关情况的书面报告。

8.3.9.2　当水电厂发电设备、输电线路等发生故障，致使出库流量骤减时，应及时开启泄水闸门，以保证出库流量满足要求。

8.3.9.3　各水电厂应根据政府有关部门要求，做好水库泄洪安全风险防范工作。

8.4　新型储能调度运行管理

8.4.1　新型储能电站调度运行应按照设计确定的任务、参数和有关运用原则，在确保电站运行安全的前提下，充分发挥储能灵活性调节作用。

8.4.2　新型储能电站主要设备及其一次调频、有功功率调节、无功功率控制、高/低电压穿越等能力应满足相关标准规范要求，通过具有资质的第三方检测机构的相关试验。

8.4.3　新型储能电站应按调度机构下发的并网标准流程，向调度机构提交申请并网有关材料，开展并网调试工作。

8.4.4 新型储能电站应具备按照调度指令进行有功功率和无功功率自动调节的能力，并接入所属调度机构 AGC、AVC 系统。

8.4.5 新型储能电站应按调度机构的要求提供设备（装置）参数，对所提供设备（装置）参数的完整性和正确性负责，并执行调度机构下达的设备（装置）参数整定值。新型储能电站改变设备（装置）状态和参数前，应经相应调度机构批准。

8.4.6 储能电站累计更换储能变流器、储能电池比例超过调度机构规定的限额时，应重新对储能电站进行并网测试，并出具并网测试报告，经调度机构认可后方可重新并网运行。

8.4.7 储能电站应定期开展技术监督，并将技术监督信息表上报调度机构。当技术监督校核的可用能量低于调度机构规定的限额时，需将整改方案上报调度机构。

8.5 火电调度运行管理

8.5.1 火电厂须向调度机构报备其机组装机容量、最大技术出力、最小技术出力、深调峰出力下限、最大无功出力（进相及迟相）、最大爬坡速率等参数。机组因进行大修技改参数发生变化时，机组投入运行前须重新报送相关参数。火电厂日内可调出力范围发生变化时，须向调度机构报送实际最大、最小可调出力。

8.5.2 非市场化机组出力计划按照相关规定执行；市场化机组出力计划以电力市场出清结果为依据，以 AGC 或调度电话下达最终指令为准。机组有功功率应严格按照调度下发指令控制，无功功率按照电压调整需求或调度指令控制。

8.5.3 100 兆瓦以上火电机组均须参与一次调频。电网正常运行时火电机组须承担系统二次调频任务，电网存在频率偏差（或所在控制区 ACE 超过门槛值）时，在电力市场出清结果的基础上，具有调节空间的火电机组按照调度指令调整出力。

8.5.4 新能源实际出力高于预测而出现电力受阻时，在电力市场出清结果的基础上，具有调节空间的火电机组、水电机组按照调度指令调减出力。

8.5.5　带有供汽、供热任务的火电机组，发电时应兼顾供汽、供热需求。

8.5.6　火电机组解、并列前必须向调度机构申请，得到许可后方可执行。紧急情况下若危及人身、电网、设备安全，可按现场规程先解列机组，后立即向调度机构汇报。

8.5.7　发生紧急情况时，按照优先保证电网安全稳定运行、保证用户供电可靠性的原则，相关区域内火电机组不再执行电力市场出清结果，而按照调度指令调整出力。

第九章　继电保护和安全自动装置管理

9.1　总体要求

9.1.1　调度机构按照直调范围开展继电保护和安全自动装置的定值管理、运行管理和专业技术管理工作。

9.1.2　调度机构组织或参加直调范围新建工程、技改工程以及系统规划的继电保护专业的审查工作（含可研、初设、继电保护和安全自动装置配置原则等）。

9.1.3　调度机构组织或参加重大事故的调查、分析工作，并负责监督继电保护和安全自动装置的反事故措施的执行。

9.2　定值管理

9.2.1　继电保护和安全自动装置的整定计算按照直调范围开展，并网电厂（场、站）、分布式电源、用户站负责发电机（或发变组）、变压器等元件保护定值计算，发电机（或发变组）、变压器中性点零序电流保护定值应按照调度机构下达的限值执行，并满足电网运行要求。

9.2.2　并网电厂（场、站）、分布式电源、用户站、运维单位应根据调度机构提供的系统侧等值参数，对自行整定的保护装置定值进行计算、校核及批准。计算、审核、备案应依照《甘肃省调调管发电企业继电保护定值计算校核管理办法》中的相关要求执行。

9.2.3　继电保护和安全自动装置定值应依据直调该设备的调度机构（含被授权单位）下达的定值单整定。

9.2.4　调度机构下发的继电保护和安全自动装置的定值单，由厂（场）站运行值班人员（或输变电设备运维人员）与值班调度员核对执行。定值单执行后及时归档。

9.2.5 继电保护和安全自动装置定值单核对应严格按照相关规定及流程执行。

9.2.5.1 继电保护和安全自动装置工作人员应核对保护用 CT、PT 变比及装置实际定值与调度下达的定值通知单内容相符。

9.2.5.2 继电保护和安全自动装置人员与厂（场）站运行值班人员（或输变电设备运维人员）逐项确认继电保护和安全自动装置整定值与定值通知单内容相符，双方履行签字手续。

9.2.5.3 厂（场）站运行值班人员（或输变电设备运维人员）与值班调度员仅核对定值单编号、被保护设备、装置型号、作废定值单编号、CT 变比、PT 变比六项内容。

9.2.5.4 厂（场）站自行整定的保护定值由设备所属管理单位负责核对。

9.2.6 涉及整定分界面的定值整定，应按下一级电网服从上一级电网、下级调度服从上级调度、尽量考虑下级电网需要的原则处理。

9.2.7 涉及整定分界面的省、地、县调度机构间应定期或结合基建、技改工程进度相互提供整定分界点的保护配置、设备参数、系统阻抗、保护定值以及整定配合要求等资料。

9.2.8 110 千伏以上的变压器中性点接地方式由调管该设备的调度机构确定，并报上级调度机构备案。如上级调度机构对主变中性点接地方式有明确规定，则按上级调度机构规定执行。

9.2.9 整定计算应考虑新能源对短路电流的影响，新能源场站应向调度机构提供经过准确性验证的短路电流计算模型。

9.3 运行管理

9.3.1 新（改、扩）建继电保护和安全自动装置投入运行前，运维单位应依据继电保护和安全自动装置调度运行规定及有关技术资料，完成现场运行规程中继电保护和安全自动装置部分的编制（或修编）和人员培训工作。

9.3.2 继电保护和安全自动装置应按规定正常投运。220 千伏以上一次设备不允许无主保护运行。双重化配置的继电保护允许退出一套进行消缺工作。

9.3.3 一次设备运行或热备用时，相应保护应正确投入，继电保护和安全自动装置投退应由值班调度员下令执行。

9.3.4 一次设备转冷备用或检修时，厂（场）站运行值班人员（或输变电设备运维人员）可根据报批的停电计划，自行退出其保护后向值班调度员申请检修工作，但在一次设备恢复热备用状态前须将其保护投入；如未申报保护检修工作，应保持其投入状态不变，此时若需增加保护检修工作，应按照设备停电计划管理有关规定执行。

9.3.5 继电保护在特殊运行方式下的处理，应经调度机构所在单位主管领导批准并备案。一次设备停送电、新设备启动、现场缺陷处置等保护方式改变时，厂（场）站运行值班人员（或输变电设备运维人员）依据《甘肃电网继电保护设备典型压板投退操作指导意见》，进行压板投退的操作。

9.3.6 运行中的继电保护和安全自动装置动作时，值班监控员、厂（场）站运行值班人员（或输变电设备运维人员）应记录继电保护和安全自动装置动作情况，立即向值班调度员汇报。运维单位查明动作原因后，应及时汇报相应调度机构。

9.3.7 继电保护和安全自动装置的动作分析和运行评价按照分级管理的原则，依据《电力系统继电保护及安全自动装置运行评价规程》开展。

9.3.8 当继电保护装置的交流回路发生变动后，应用一次负荷电流及工作电压检验和判定回路的正确性。未经判定正确前，应采取措施确保故障能够快速切除。

9.3.9 在下列情况下应退出整套继电保护装置：

9.3.9.1 继电保护装置使用的交流电压、交流电流、开关量输入、开关量输出回路作业。

9.3.9.2 装置内部作业。

9.3.9.3 继电保护人员输入定值影响装置运行时，110 千伏及以下设备的继电保护装置按照《甘肃电网微机型继电保护不停电改定值管理规定》执行。

9.3.9.4 合并单元、智能终端及过程层网络作业影响装置运行时。

9.4 主要设备保护运行规定

9.4.1 线路保护运行规定

9.4.1.1 光纤保护和高频保护未经值班调度员许可，不得随意投入或退出装置的功能压板、跳闸压板和直流电源。为避免区外故障造成本保护误动作，正常运行中，线路两侧互为对应的纵联保护装置的投退，由值班调度员统一指挥，两端同时操作。

9.4.1.2 线路保护光纤通道异常告警处置：

1）双通道线路保护发生单通道告警，由厂（场）站运行值班人员（或输变电设备运维人员）汇报值班调度员，退出异常通道的功能压板，将异常通道退出运行，即线路保护改为单通道运行方式。当装置设置有纵联保护功能（差动保护功能）压板和两个通道压板，单通道告警仅退出对应的通道压板，纵联保护功能（差动保护功能）压板不应退出。

2）双通道线路保护发生双通道均告警或单通道线路保护发生通道告警，由厂（场）站运行值班人员（或输变电设备运维人员）汇报值班调度员，退出该套线路保护两侧的纵联保护功能（差动保护功能）及远跳保护功能。

3）220 千伏以上线路两套线路保护装置所有光纤通道均告警中断，纵联保护功能（差动保护功能）功能均退出时，应停运线路。

4）110 千伏及以下线路保护装置（双端光差）光纤通道告警中断，由厂（场）站运行值班人员（或输变电设备运维人员）汇报值班调度员，退出保护装置光纤差动保护功能，并通知本单位相关人员检查处理。多端光纤差动保护装置发生单个通道告警中断，不影响差动保护功能时，仅退出对应通道压板；发生多个通道告警中断，影响差动保护功能时应退出各侧装置差动保护功能压板。

5）通道异常消除后，厂（场）站运行值班人员（或输变电设备运维人员）应及时汇报值班调度员。

9.4.1.3　线路充电运行时，两侧线路保护均应投入，相关断路器位置触点须正确开入保护。若线路一侧断路器因故均需维持冷备用、另一侧充电运行时，值班调度员应提前告知冷备用侧厂（场）站运行值班人员（或输变电设备运维人员）线路运行方式，厂（场）站运行值班人员（或输变电设备运维人员）应确保线路保护正常投入，不得退出运行。

9.4.1.4　线路重合闸的投入与否以及投入方式，按定值通知单及启动方案中的规定执行，线路重合闸无调令不得退出。线路检修后送电、线路充电运行，不需临时退出线路重合闸功能。

9.4.1.5　遇有下列情况之一时，线路重合闸应退出运行：

1）线路启动中的充电试验。

2）线路带电作业明确要求停用重合闸。

3）电网运行方式改变，相关整定值要求不投。

4）联络线路两套主保护停用，而线路仍需继续运行时。

5）开关跳闸达到规定跳闸次数而未检修。

6）开关遮断容量不满足要求。

7）用户要求不投。

8）若因线路连续故障导致同一带合闸电阻开关40分钟内合闸或重合闸达到3次，原则上值班监控员、厂（场）站运行值班人员（或输变电设备运维人员）应向值班调度员申请退出相应线路（开关）重合闸，3小时后方可申请重新投入。若该线路停运或该线路停运后再发生电网故障，有可能导致厂（场）站全停、局部孤网、电网失稳等极端情况或对电力保供产生严重影响，值班调度员可不下令退出该线路（开关）重合闸。

9.4.2　母线保护运行规定

9.4.2.1　不允许两套母线差动保护全部退出运行。

9.4.2.2　双母线进行倒母线操作时，在断开母联开关控制电源前，必须先投入母线互联压板，在合上母联开关控制电源后，再退出母线互联压板。

9.4.2.3　双母线分列（分裂）运行操作时，应先断开对应母联开关，再投入“母联分列”压板；恢复并列运行时，应先退出“母联分列”压板，再合母联开关。

9.4.3　母联、分段开关保护运行规定

9.4.3.1　母联（分段）保护装置的充电过流保护仅在新设备启动或作为临时保护时投入，设备送电正常后退出。

9.4.3.2　当配置母差保护时，母线检修后送电不需临时投入母联（分段）保护装置。110 千伏及以下单母分段接线未配置母差保护时，母线检修后送电应临时投入分段开关充电过流保护，送电正常后退出。

9.4.4　变压器保护运行规定

9.4.4.1　变压器差动保护运行规定

1）当变压器差动保护全部停运后，主变应随之停运。对配置双套差动保护的主变，允许运行中停运一套差动保护，进行消缺工作。

2）变压器冲击合闸和空载充电运行时，差动保护应投入跳闸。

9.4.4.2　变压器瓦斯保护运行规定

1）瓦斯保护是变压器内部故障的主要保护。轻瓦斯反映变压器内部的轻微故障或不正常现象，重瓦斯反映变压器内部有严重短路故障。轻瓦斯作用于信号，重瓦斯作用于跳闸。

2）变压器运行中应保证重瓦斯保护可靠投入，不允许因轻瓦斯动作而退出重瓦斯保护，当取气样或排气时可短时退出重瓦斯保护，工作完成后应立即投入。如因其他原因确需退出，必须经所在单位主管生产领导批准，并经相应调度机构同意。

3）当轻瓦斯发出信号时，重瓦斯可继续保持运行，应立即安排人员进行进一步的检查。重瓦斯动作跳闸后，变压器未经检查试验不得投入运行。当变压器一天内连续发生两次轻瓦斯报警时，值班监控员、厂（场）站运行值班人员（或输变电设备运维人员）应立即申请停电检查；非强迫油循环结构且未装排油注氮装置的变压器（电抗器）本体轻瓦斯报警，应立即向值班调度员申请停电检查。

9.4.5　发电机保护运行规定

9.4.5.1　对配置了发电机差动、主变差动、发变组大差动三套差动保护的发变组，允许退出任一套差动保护进行消缺等工作。

9.4.5.2　对配置了发变组大差动和主变差动保护或发变组大差动和发电机差动保护的发变组，允许主变差动或发电机差动保护退出进行消缺等工作，不允许发变组大差动保护停运，否则发变组随之停运。

9.4.5.3　对分别配置了主变差动保护和发电机差动保护的发变组，不允许任一差动保护停运，否则发变组随之停运。

9.4.5.4　发电机差动保护（指非发变组接线），发电机差动保护停运，发电机随之停运。

9.4.5.5　启停机保护在启机、停机时投入，误上电保护在机组解/并列时投入，发电机并网运行后上述保护功能均应退出；双套配置的转子接地保护仅投入一套，单套投入运行的转子一点接地保护因故退出时，应投入另一套；当配置有断路器断口闪络保护，仅在发变组转热备用前投入，正常并网运行时不投；发电机低频累加保护应在发电机并网后才可投入。相关投退操作由厂（场）站运行值班人员按照站内运行规定自行负责。

9.4.6　高压并联电抗器保护运行规定

9.4.6.1　高压并联电抗器为双主双后配置，允许退出其中一套进行消缺工作，两套电抗器保护停运时，电抗器随之停运。

9.4.6.2　高压并联电抗器运行中应保证重瓦斯保护可靠投入，不允许因轻瓦斯动作或排气退出重瓦斯保护，如因其他原因确需退出重瓦斯保护，必须经所在单位主管生产领导批准，并经相应调度机构同意。

9.4.6.3 无专用开关的线路高压电抗器，正常运行时，电抗器保护动作启动远跳功能应投入。因通道或者装置异常导致对侧两套远跳就地判别装置（或功能）全部退出时，线路高压电抗器应停运。

9.4.7 短引线保护运行规定

9.4.7.1 短引线保护正常运行时不投，仅在 3/2 接线或角形接线的变电站中，当线路或主变停电，需开关合环运行时投入。

9.4.7.2 一次设备间隔停电，断路器热备用转合环运行时（线路保护装置充当短引线保护的情况除外），应在断路器停电后，先投入该间隔短引线保护，后退出该间隔线路保护、主变保护、发变组保护，再申请断路器合环操作。一次设备间隔恢复运行时，应先投入该间隔线路保护、主变保护、发变组保护，再退出该间隔短引线保护，申请间隔送电操作。断路器热备用状态下应防止该间隔无主保护运行。

9.4.8 断路器辅助保护运行规定

9.4.8.1 对于常规厂（场）站，每台断路器配置一套断路器辅助保护装置。智能变电站中，每台断路器配置两套断路器辅助保护装置，允许退出一套保护进行消缺等工作。

9.4.8.2 断路器充电保护正常运行时不投，仅在新设备启动需通过本断路器向空母线或线路充电时投入，充电正常后退出充电保护。向空载主变或有高压电抗器的线路充电时不能投入充电保护，线路检修后送电不需临时投入充电保护。

9.4.8.3 断路器失灵保护正常运行时投入，作为保护动作开关拒动时的后备保护。当断路器 CT 单侧布置时，为防止死区发生故障，单套配置的断控保护装置因故退出时，相应断路器应转为冷备用状态；当断路器 CT 两侧布置时，单套配置的断控保护装置因故退出时，相应断路器转为热备用状态。

9.4.9 过电压及远跳保护运行规定

9.4.9.1 在一侧过电压及远跳保护装置进行定值修改，以及就地判别装置或启动回路故障时，可将修改定值或故障侧就地判别装置或启动回路退出，其他不变，对侧可正常投运。

9.4.9.2　线路空载充电运行，两侧厂（场）站无检修工作时，两侧线路保护装置、独立配置的过电压及远跳保护装置保持正常投入状态不变。一侧厂（场）站有与启动线路远跳保护关联二次回路的母线、高抗、断路器保护等检修工作，应向值班调度员申请退出线路对侧远跳保护。

9.4.9.3　线路保护装置异常退出或纵联保护功能（差动保护功能）退出时，应同步退出两侧相对应的远跳保护。

9.4.9.4　过电压及远跳保护装置专用的光纤、复用载波机等通道设备故障时，应将两侧过电压及远跳保护装置均退出运行。远跳保护利用线路保护传输跳闸命令时，若线路保护通道异常，相应的两侧远跳保护也应退出运行。

9.4.9.5　当无 T 接高抗的线路两套远跳保护装置均异常时，则应将线路两侧远跳保护装置退出运行，线路可继续运行。当 T 接高抗的线路两套远跳保护装置均异常退出运行时，应将高抗退出运行。

9.4.10　故障录波器和行波测距运行规定

9.4.10.1　正常运行中，故障录波器和行波测距装置应投入运行。

9.4.10.2　厂（场）站运行值班人员（或输变电设备运维人员）向值班调度员申请故障录波器及线路行波测距装置工作时，应说明故障录波器内所接的一次设备电气量。

9.4.10.3　对于同时接入不同调度机构调管设备的故障录波装置及线路行波测距装置，工作前厂（场）站运行值班人员（或输变电设备运维人员）应征得相应调度机构值班调度员的同意，工作结束后向相应调度机构值班调度员汇报。

9.4.11　CT 断线及差流、零序电流异常告警处置：

9.4.11.1　220 千伏以上双重化配置的线路、母线、主变、高抗保护装置、短引线保护装置等发生 CT 断线及差流、零序电流异常等电流采样告警、频繁启动复归，厂（场）站运行值班人员（或输变电设备运维人员）应立即汇报值班调度员，退出该套保护装置，并通知本单位相关人员检查处理。

9.4.11.2　220千伏以上单套配置的断路器保护装置发生CT断线及零序电流异常等电流采样告警、频繁启动复归，厂（场）站运行值班人员（或输变电设备运维人员）应立即汇报值班调度员，退出该套保护装置失灵保护，并通知本单位相关人员检查处理。

9.4.11.3　110千伏及以下单套配置的保护装置发生CT断线及差流、零序电流异常等电流采样告警、频繁启动复归，厂（场）站运行值班人员（或输变电设备运维人员）应立即汇报值班调度员，保护装置功能不需退出，并通知本单位相关人员检查处理。注意线路、主变等保护装置在一次设备运行时不允许退出。110千伏母线保护根据现场检查情况，可向值班调度员申请临时退出母线保护。

9.4.12　PT断线异常告警处置：

9.4.12.1　220千伏以上线路保护装置发生PT断线或电压异常告警，由厂（场）站运行值班人员（或输变电设备运维人员）汇报值班调度员，退出该套线路保护的距离保护功能压板；若双套线路保护装置均发生告警，应同时退出两套装置的距离保护功能压板。

9.4.12.2　220千伏以上主变保护装置发生高/中压侧PT断线异常告警，由厂（场）站运行值班人员（或输变电设备运维人员）汇报值班调度员，退出该套主变保护装置“高（中）压侧后备保护”功能压板以及“高（中）压侧电压”压板。

9.4.12.3　220千伏以上主变保护装置发生低压侧PT断线异常告警，由厂（场）站运行值班人员（或输变电设备运维人员）汇报值班调度员，应退出该套主变保护装置“低压侧电压”压板，“低压侧后备保护”功能压板不应退出。

9.4.12.4　220千伏以上双母线接线的母线保护装置发生PT断线异常告警，由厂（场）站运行值班人员（或输变电设备运维人员）汇报值班调度员，退出该套母线保护装置，并通知本单位相关人员检查处理。

9.4.12.5　3/2接线的母线保护装置、断路器保护装置发生PT断线异常告警，保护装置功能不需退出，厂（场）站运行值班人员（或输变电设备运维人员）应汇报值班调度员，并通知本单位相关人员检查处理。

9.4.12.6　110 千伏及以下保护装置发生 PT 断线异常告警，保护装置功能不需退出，厂（场）站运行值班人员（或输变电设备运维人员）应汇报值班调度员。

9.4.12.7　备自投装置发生 PT 断线异常告警，厂（场）站运行值班人员（或输变电设备运维人员）应退出备自投装置并汇报值班调度员。

9.4.13　SV 链路异常告警处置：

9.4.13.1　电流合并单元装置故障导致所有相关保护装置电流 SV 采样链路异常告警，由厂（场）站运行值班人员（或输变电设备运维人员）汇报值班调度员，申请退出与故障合并单元相关的所有保护装置。

9.4.13.2　SV 直采光纤/接口损坏导致电流 SV 采样链路异常告警，由厂（场）站运行值班人员（或输变电设备运维人员）汇报值班调度员，申请退出该套保护装置。

9.4.14　GOOSE 链路异常告警处置：

9.4.14.1　智能终端装置故障导致所有相关保护装置 GOOSE 链路异常告警，由厂（场）站运行值班人员（或输变电设备运维人员）汇报值班调度员，申请退出与故障智能终端相关的保护装置 GOOSE 发送/接收压板，影响稳控装置闭锁时应申请退出该套稳控装置。

9.4.14.2　GOOSE 直跳光纤/接口损坏导致 GOOSE 链路异常告警，由厂（场）站运行值班人员（或输变电设备运维人员）汇报值班调度员，申请退出该套保护装置。

9.4.14.3　断路器保护和母差保护、同串间隔的线路保护、主变保护、电抗器保护、相邻断路器保护装置的 GOOSE 过程层组网光纤/接口损坏导致 GOOSE 链路异常告警，由厂（场）站运行值班人员（或输变电设备运维人员）汇报值班调度员，退出与该光纤/接口组网

VLAN相关的保护装置GOOSE发送/接收压板，影响稳控装置闭锁时应申请退出该套稳控装置。

9.4.14.4 GOOSE过程层交换机故障导致所有通过该交换机进行组网的保护装置GOOSE链路异常告警，由厂（场）站运行值班人员（或输变电设备运维人员）汇报值班调度员，退出与故障交换机相关的保护装置GOOSE发送/接收压板，影响稳控装置闭锁时应申请退出该套稳控装置。

9.5 专业技术管理

9.5.1 进入电网运行的继电保护和安全自动装置应通过国家或行业的设备质量检测中心的检测。

9.5.2 继电保护和安全自动装置的反事故措施及软件版本应统一管理，分级实施。安全稳定控制装置投运前应按《电网安全稳定控制装置软件管理规定》要求将相关资料提交调度机构备案。运维单位负责反事故措施及软件版本升级的具体实施。

9.5.3 安全自动装置投运前必须经过试运行。对于区域型安全自动装置（系统），试运行时间不能低于24小时。

9.5.4 对于区域型安全自动装置（系统），投运前必须进行现场联合调试。现场联合调试应由工程建设管理单位委托具备相应资质的调试单位承担，调试单位负责编制联合调试方案，并出具现场联调报告报调度机构备案。

9.5.5 各并网电厂（场、站）、分布式电源、用户站继电保护和安全自动装置的配置和设计严格遵守和执行《继电保护和安全自动装置技术规程》《电网运行准则》《继电保护设备标准化设计规范》《电力系统安全稳定控制系统技术规范》等规程规范及《防止电力生产事故的二十五项重点要求》等继电保护和安全自动装置反事故措施要求。

9.5.6 配网保护功能配置、设计和整定应严格执行《分布式电源并网继电保护技术规范》《分布式电源并网技术要求》《光伏发电系统接入配电网技术规定》《3 千伏～110 千伏电网继电保护装置运行整定规程》《10（20）千伏配电网保护技术规范》等相关规程规范要求。

9.5.7 继电保护和安全自动装置的动作信息、告警信息、在线监视信息、状态变位信息及故障录波数据等应满足上送至相应调度机构的要求。

9.6 智能变电站继电保护和安全自动装置管理

9.6.1 智能变电站继电保护和安全自动装置、含继电保护功能模块的智能电子设备及对继电保护和安全自动装置功能有影响的二次回路相关设备和工具软件均应纳入继电保护和安全自动装置设备管理范畴。

9.6.2 调度机构对智能变电站中的全站系统配置文件（SCD）进行归口管理，设备运维单位具体负责。

9.6.3 SCD 配置及在线运维管控工具等影响继电保护和安全自动装置功能的工具软件，以及智能装置能力描述文件（ICD）应通过国家或行业的设备质量检测中心的检测。

9.7 直流输电系统保护管理

9.7.1 直流输电系统保护定值应经过具有与实际工程相同控制保护系统的仿真试验验证。

9.7.2 新建、改造直流工程的建设管理部门应在工程投运前向调度机构提供包含完整一、二次系统的电磁暂态仿真工程模型。

9.7.3 涉及直流输电系统保护软件修改的工作应按相应直流输电系统保护软件管理要求执行。

9.8 继电保护及安自装置通信运行管理

9.8.1 涉及继电保护及安自装置的通信通道设备（含光缆）检修工作，必须向相应调度机构申请，任何单位和个人不得随意退出运行中的通信通道设备。

9.8.2　继电保护及安自装置的通信通道设备（含光缆）承载的保护、安控业务，通信运维单位必须及时向调度机构报备。

9.8.3　继电保护及安自装置的通信通道设备（含光缆）运行出现异常时，通信通道设备（含光缆）单位要及时向相应调度机构汇报。调度机构根据影响范围及时做出退出相应保护、安控装置（功能），停运一次设备等处理措施。

第十章 调度自动化、通信及网络安全管理

10.1 调度自动化管理

10.1.1 调度自动化运行管理

10.1.1.1 调度机构、厂（场）站运维单位应按照《电力调度自动化系统运行管理规程》要求，分别开展主站系统和子站系统自动化设备的运行维护，并向相关调度机构及时提供实时数据、模型、图形，实现“源端维护、全网共享”。厂（场）站运维单位应结合一次设备建设及检修与相关调度机构进行信息传动测试，测试结果应满足相关规定要求。

10.1.1.2 按照“统一管理、分级维护”原则，省调负责调度数据网骨干网子区、省调接入网的运行管理，地调负责地调接入网的运行管理。厂（场）站运维单位负责本厂（场）站调度数据网接入设备的运维。

10.1.1.3 调度自动化系统和设备的检修工作执行工作票制度。子站设备的计划检修原则上应与一次设备的检修同步进行，未经相关调度机构许可不得将相应调度自动化设备退出运行或改变运行配置。

10.1.1.4 调度自动化系统运维工作应开展风险评估，制定分级管控流程，差异化管控运维工作风险，核心业务运维工作按照相关规程、规定办理手续并获得许可后方可进行。

10.1.1.5 调度机构、厂（场）站运维单位应制定调度自动化系统应急预案，并定期演练。子站设备发生故障后，厂（场）站运维单位应立即向相关调度机构自动化值班人员汇报故障情况及影响范围，并按规定处理。

10.1.1.6 调度机构应开展调度数据分类定责，落实数据主人责任，负责调管范围内的调度数据全生命周期（采集、传输、存储、使用、

交换、销毁）的管理，负责调度数据治理、数据资产管理、调度数据共享及应用统筹管理、数据安全与合规管理。

10.1.2　自动化系统规划、建设管理

10.1.2.1　自动化系统规划、建设实行分级归口管理。各级调度机构应配合相关部门做好技术管理及支撑工作。

10.1.2.2　调度自动化管理部门负责调度自动化主站系统、调度数据网等建设项目的设计、施工、验收、检测管理。

10.1.2.3　调度自动化管理部门应组织调度自动化机房、调度数据网、硬件等基础资源发展规划、工程设计审查等工作，满足调度自动化系统发展需求。

10.1.2.4　调度自动化系统及设备应取得具备资质的检测部门颁发的质量检测合格证，且必须符合上级调度机构所规定的通信规约及接口技术条件。

10.1.2.5　调度自动化主站系统全面升级更替前，应经过双轨试运行。双轨试运行期间应保障新旧系统正常运行，经评估无问题，由分管调度机构负责人批准后旧系统方可退出运行。

10.1.2.6　调度自动化管理部门和子站运维部门负责组织或参与新（改、扩）建子站系统设计、技术规范审查、设备调试和验收。

10.1.2.7　新（改、扩）建调度自动化系统时，涉及与上级调度自动化系统联调、接口等方案应报上级调度机构审查。

10.1.2.8　变电站改（扩）建部分和原有部分应接入同一监控系统。

10.1.2.9　新（改、扩）建自动化系统投运后，应由工程管理部门组织工程验收，上级调度机构负责组织实用化验收。

10.1.3　调度自动化系统及设备检修管理

10.1.3.1　厂（场）站自动化设备检修应与一次设备检修同步进行。

10.1.3.2　厂（场）站设备发生故障后，运行维护人员应立即向相应调度机构自动化值班人员汇报故障情况、影响范围等，并按照现场规定进行故障处理。

10.1.3.3　厂（场）站一次设备退出运行后，其自动化设备均不得停电或退出运行，有特殊情况确需停电或退出运行时，需提前申请。

10.1.3.4 厂（场）站自动化设备计划检修应提前 3 个工作日申请，报相应调度机构批准后实施。检修工作开始前，应与相应调度机构自动化值班人员联系，同意后方可工作，设备恢复运行后应及时汇报，验证上传信息正确。

10.1.3.5 主站系统检修影响到向上级调度机构传送信息的，经上级调度机构同意后方可进行。

10.1.3.6 各级调度机构负责监督所辖范围内自动化系统及设备的检验管理。厂（场）站自动化设备检验工作要按照检验规程执行。

10.1.4 基础数据管理

10.1.4.1 各级调度机构应按“源端维护、全网共享、责任溯源”的原则维护调管范围内的电网公共模型、图形、实时数据。

10.1.4.2 调度机构负责完成各应用模型的维护工作，并在一次设备启动前将最新的电网模型、图形、实时数据传送给上级调度机构。

10.1.4.3 各级调度机构应保证量测数据的有效性和精准性、遥测和遥信的实时性、设备参数的准确性和完整性、电量原始数据的正确性，直采直送数据实施直接管理和核对，转发数据实施逐级管理和核对。

10.1.4.4 任何单位和个人不得改变自动化系统主站数据库内的原始数据。

10.1.4.5 自动化系统中的设备命名应与电网一次设备调度命名一致。

10.1.4.6 电网模型和设备参数应经离线校验合格后，方可投入在线使用。

10.2 电力通信管理

10.2.1 调度机构负责电力通信网（简称通信网）规划、建设、运行、设备、技术的专业管理，负责本级调管范围内通信网的安全运行和监督考核。

10.2.2　通信运维机构负责开展通信网运行和维护工作。通信运维机构包括电网通信运维机构和并网电厂（场、站）、分布式电源、用户站通信运维机构。

10.2.3　国调、网调、省调、地调应设置通信调度，地调应设置通信调度或网管值班机构。通信调度负责监视通信网运行状态、组织通信网资源、管理通信检修、统筹保障安排、协调指挥故障处理、应急保障等工作，与本级电网调度机构协同。

10.2.4　通信网规划管理

10.2.4.1　调度机构应组织通信网发展规划工作。通信网规划应与电网主网规划、配电网规划、电网智能化规划有效衔接，采用统一的技术体制及接口标准，防止重复建设和资源浪费，提高通信网运行效率。

10.2.4.2　通信网应分级、分层、分年度进行总体规划和制订实施计划。通信规划的编制和滚动修订应与电网发展规划同步开展。

10.2.5　通信网建设管理

10.2.5.1　通信网建设应严格遵守和执行《电力通信网规划设计技术导则》以及各类通信网络、业务系统、支撑系统建设规范等要求。

10.2.5.2　调度机构负责制定通信建设技术标准和管理规范，组织或参与通信项目可研、初设的评审，制定通信设备采购相关规定，负责通信项目的质量管控和评估工作。

10.2.5.3　通信运维机构按运维范围，负责或参与所辖范围内通信项目的验收和生产准备工作。

10.2.6　通信网运行管理

10.2.6.1　通信网调度、运维、检修、方式、安全等工作应遵循《电力通信运行管理规程》、通信现场作业风险管控要求及相关规程。

10.2.6.2　通信调度是通信网运行的监视、指挥、协调机构。通信调度实行“统一调度、分级管理”原则，下级通信调度服从上级通信调度指挥。

10.2.6.3　通信调度调管范围包括通信直调范围和通信许可范围。各级通信调度机构直接调度指挥的通信资源属通信直调范围。下级通信调度机构直调通信资源运行状态变化对上级通信调度机构直调范围内的电网通信业务通道造成影响时，应纳入上级通信调度机构的通信许可范围。

10.2.6.4　上级通信调度根据通信网运行需要，可将其通信直调范围内的通信资源授权下级通信调度。

10.2.6.5　通信调度监视范围主要为本级通信直调范围内的通信资源。通信调管范围包括本级通信资源、承载本级电网调度控制业务的通信资源以及受上级调度授权的通信资源。并网电厂（场、站）、分布式电源、用户站等并网单位与电力通信网互联的通信资源，不论其产权或隶属关系，均纳入通信调度调管范围。

10.2.6.6　通信运维机构应遵循相关规定，做好通信网设备设施的属地化运行维护。并网单位应落实通信系统的运维责任，配备通信专职人员开展运维工作，确保通信系统安全稳定运行。通信运维界面管理要求应按照《国网甘肃省电力公司通信系统运维管理细则》执行。

10.2.6.7　通信检修实行计划管理，各级通信运维机构应按时编制年度、月度检修计划，参与调度机构的检修计划会商，并逐级上报、审批。重要保电期不宜安排通信计划检修。

10.2.6.8　通信设备设施的检修工作实行检修票制度，通信调度负责其调管范围内的通信检修开竣工许可工作，未经通信调度批准，任何单位和个人不得对运行中的通信设备设施进行操作和检修。

10.2.6.9　涉及电网设备运行状态改变的通信检修，通信调度机构应组织制定详细实施方案，提前与调度机构进行会商，原则上应与电网设备的检修同步进行，并纳入电网设备停电计划管理。通信运维机构负责报送通信检修申请，电网运维机构应按照调度机构同意的方案，结合通信检修工作报送相应电网检修申请。同时办理通信和电网检修申请的工作，检修施工单位应在得到电网调度和通信调度“双许可”后，方可开展检修工作。

10.2.6.10　通信调度是调管范围内通信网故障（缺陷）处理的指挥机构，应遵循“先生产业务，后其他业务；先上级业务，后下级业务；先抢通，后修复”的原则开展故障（缺陷）处理工作。

10.2.6.11　对于短时期内（不超过 6 个月）无法通过常规检修消除的通信设备设施缺陷，通信运维机构和电网运维机构应加强监视，并优先提报改造或大修计划。

10.2.6.12　调度机构、通信运维机构应按照《电力通信网运行方式安排技术原则》，做好电力通信网年度运行方式编制和日常运行方式安排工作。通信网运行方式的编制，应综合考虑业务需求特性、电网及通信网建设发展、通信设备健康状况、通信资源共享情况、业务通道运行情况及存在的问题，合理安排通信系统运行方式，确保通信网及通信业务的安全运行。

10.2.6.13　通信资源使用应严格履行申请、审批程序，落实运行方式单分配通信资源。未经批准任何单位和个人不得擅自使用或变更通信资源。

10.2.6.14　承载线路继电保护业务的通信通道应严格遵守和执行《光纤通道传输保护信息通用技术条件》《线路保护通信通道配置指导意见》等相关要求。

10.2.6.15　恶劣天气、自然灾害时期，或电网重大方式调整、重大检修、重大隐患消除前，通信调度应根据电网风险预警，开展通信安全校核；通信系统重大检修前，或发生严重故障时，通信调度应结合网络运行状态变化情况，动态开展通信安全校核。

10.2.6.16　通信调度应根据电网风险及通信网运行情况，及时发布通信风险预警并闭环管理；通信运维机构应落实运维范围内电网、通信网运行风险的通信管控措施。

10.2.6.17　调度机构应组织通信运维机构制定通信网应急预案，定期开展演练。

10.2.6.18　通信网运行评价按照分级管理的原则，依据《电力通信网运行评估指标体系》开展。

10.2.6.19　通信设备入网后，应立即纳入调度管理，有线、无线设备采用同质化管理方式。

10.2.7　通信网设备管理

10.2.7.1　调度机构负责制（修）订通信网设备技术规范，负责电网通信设备的全生命周期管理和电路、频率等通信资源的统筹管理。

10.2.7.2　新建、扩建和改建的发、输、变电工程涉及的通信设备接入和业务电路申请按照《电网运行准则》的规定执行，满足《电力通信运行管理规程》规定的投运要求。

10.2.7.3　通信网设备基线版本应统一管理，分级负责，通信运维机构应按发布的年度基线版本开展相关设备或板卡的软件版本升级工作，确保版本的可控、在控。

10.2.7.4　通信网设备检测、软件维护应严格遵守《同步数字体系（SDH）STM－256 总体技术要求》《电力系统光传送网（OTN）技术要求》《数字程控自动电话交换机技术要求》《路由器设备测试方法　核心路由器》《具有路由功能的以太网交换机测试方法》《48V 电力通信直流电源系统技术规范》《通信用阀控式密封铅酸蓄电池》等规程规范要求。

10.2.8　通信网技术管理

调度机构负责或参与制（修）订通信专业技术标准，开展通信新技术研究、试点、推广及安全可控通信设备的研发、应用。

10.2.9　配电通信网管理

10.2.9.1　配电通信网应与配电网建设和改造同步规划、同步设计、同步建设、同步投运，遵循“标准化设计，差异化实施”原则，做好配网通信配套建设。配电通信网建成后应纳入通信生产体系，统一管理。

10.2.9.2　配电通信网网络架构、技术路线、业务承载方式等应满足调度机构和专业部门的相关要求。

10.3 电力监控系统网络安全管理

10.3.1 电力监控系统网络安全管理职责

10.3.1.1 电力监控系统安全防护应落实《电力监控系统安全防护规定》等相关要求，坚持“安全分区、网络专用、横向隔离、纵向认证”结构安全原则，强化安全免疫、态势感知、动态评估和备用应急措施。

10.3.1.2 调度机构负责调管范围内下级调度机构、变电站的电力监控系统网络安全专业管理，负责直调范围内下一级调度机构、变电站、并网电厂（场、站）等涉网部分的电力监控系统网络安全技术监督。

10.3.1.3 厂（场）站运维单位负责运维范围内电力监控系统安全防护、网络安全设备运行维护和网络安全应急处置。

10.3.2 电力监控系统网络安全建设管理

10.3.2.1 电力监控系统网络安全发展规划、工程设计、施工建设应满足电力监控系统安全防护的基本原则、防护技术和安全管理等要求。

10.3.2.2 新建、扩建和改建电力监控系统应制定网络安全防护实施方案并经过相关调度机构审核，方案实施后应经调度机构验收通过后方可投入运行。

10.3.3 电力监控系统网络安全运行管理

10.3.3.1 调度机构应组织开展7×24小时网络安全运行值班，统筹做好调管范围内电力监控系统网络安全风险监测、预警通报和应急指挥。

10.3.3.2 当发现网络安全风险或发生网络安全事件时，下级调度机构、厂（场）站运维单位要及时采取措施并向上级调度机构报告，接受上级调度机构应急指挥。

10.3.3.3 当发布风险预警后，调度机构、厂（场）站运维单位应根据预警信息及时开展风险排查、缺陷整改和漏洞修复。

10.3.3.4 调度机构、厂（场）站运维单位应定期开展电力监控系统安全防护评估，未达到要求的应及时整改。

10.3.3.5 厂（场）站应按照调度机构要求报送电力监控系统网络安全的运行统计信息，并配合开展安全检查、应急演练和事故事件调查工作。

10.3.3.6 厂（场）站电力监控系统网络安全设备的投入、退出、停用及参数变更等工作，可能影响网络安全防护的，应报调度机构批准同意后方可进行。

第十一章　配电网调度管理

11.1　配电网调度运行管理

11.1.1　配电网调度是五级调度体系的重要组成部分，配电网调度主要由县、配调调度管理。县、配调属于同一级调度机构，与地调是上下级调度关系，接受地调调度和管理。

11.1.2　配电网调度值班员按照调管范围行使调度权，联系对象包括调管范围内的水电站、分布式电源、储能、微电网等场站值长（或电气班长）、变电运维人员、变电监控人员、输电运检人员、配电运检人员以及用户变值班人员。上述调度对象必须经培训并考试合格后持证上岗。

11.2　配电网运行方式管理

11.2.1　地调应组织县（配）调开展地区统一的配电网年度运行方式报告编制，对上年度配电网运行情况进行总结，对下年度配电网安全、可靠、经济、优质运行提出措施和建议，并履行评审、汇报、发布程序。

11.2.2　配电网运行方式包括正常运行方式和特殊运行方式，特殊运行方式包括检修运行方式、事故运行方式、节日运行方式。配电网运行方式安排应统筹考虑安全可靠供电和经济优质运行要求，根据分布式电源发展趋势，合理调整配电网正常运行方式。

11.2.3　新、改、扩建设备投入配电网运行，必须向地调或县（配）调办理新设备投运申请，由相应调度机构负责新设备调度命名。未办理申请或申请未经批准者不得投入配电网运行。

11.3　配电网检修计划管理

11.3.1　检修计划由调度机构调度管理，低压配电网检修计划可执行许可或备案管理。

11.3.2　配电网年、月、周、日检修计划均由调度机构负责制订、发布并执行刚性管理，年、月检修计划经平衡确定后须由地调以公文形式印发。

11.3.3　县（配）调应根据配电网检修计划，做好配电网安全校核，完善配电网安全控制措施和故障处置预案。

11.3.4　县（配）调负责配电网潮流、无功控制。

11.3.5　县（配）调应配合上级调度机构做好电力电量平衡分析工作。

附录A　电网及调度名词释义

1　电网名词

1.1　电力系统

电力系统是由发电、供电（输电、变电、配电）、用电设施和为保证这些设施正常运行所需的继电保护和安全自动装置、计量装置、电力通信设施、自动化设施等构成的整体。

1.2　电网

电力系统中各电压等级的变电站及输配电线路组成的整体。

1.3　主网、公网

本规程中主网指甘肃220千伏以上电压等级电网中，省调及上级调度直接和许可调管设备所形成网络的统称。公网指甘肃电网内所有属于国网甘肃省电力公司资产的输变电设备组成的电网，不包含其他企业和用户资产的线路及设备。

1.4　配电网

从电源侧（输电网和各类发电设施）接受电能，并通过配电设施就地或逐级分配给各类用户的电力网络。

1.5　微电网

由分布式发电设备、用电负荷、监控、保护和自动化装置等组成（必要时含储能设备），是一个能够基本实现内部电力电量平衡的小型供用电系统。微电网分为并网型微电网和独立型微电网。并网型微电网既可以与外部电网并网运行，也可以独立运行，本规程中所指微电网特指并网型微电网。

1.6　电网企业

拥有、经营、建设、运行和维护电网的电力企业，本规程指国家电网公司及西北分部、国网甘肃省电力公司及其管辖的供电单位、运维单位、建设单位。

1.7　电力调度机构

依法对电网运行进行组织、指挥、指导和协调，依据《电网调度管理条例》设置的各级电力调度中心。如无特别说明，本规程中的调度机构均指甘肃电力调度中心（省调）或其管辖范围内的地市（州）电力调度中心（地调）、县电力调度中心（县调）、配网电力调度中心（配调）。其他专业调度业务机构有前缀注明，如通信调度机构。

1.8　并网电厂（场、站）

本规程中指并入甘肃电网内不同类型发电厂（场、站）的统称，包括火力发电厂（火电厂）、水力发电厂（水电厂）、风力发电场（风电场）、太阳能电站（光伏电站及光热电站）、储能电站、生物质能电站、资源综合利用发电站等。

1.9　新能源和新能源场站

新能源指传统能源外的各种能源形式。本规程中新能源场站只包括太阳能电站（光伏电站及光热电站）、风电场。

1.10　新型储能

除抽水蓄能外，以输出电力为主要形式的储能技术。本规程所指新型储能包括电化学储能、压缩空气储能、飞轮储能、重力储能等。因目前甘肃短期内无抽水蓄能电站投运，故本规程所述储能电站均为新型储能电站。储能电站又分为调度调用型和电站自用型。

调度调用型储能：具备独立计量装置，并按照市场出清结果或电力调度机构指令运行的储能，包括独立储能电站、具备独立运行条件的新能源配建储能电站（包括政策性配建和自行配建）。此类储能必须接受调度机构统一调度。

电站自用型储能：指与发电企业、用户等联合运行，根据自身需求进行控制的新型储能。包括火电联合调频储能、电力源网荷储一体化项目储能等。此类储能在电网正常运行时由企业、用户自行调度，在电网发生紧急情况须接受调度机构统一调度。

1.11　储能单元

本规程中的储能单元均指电化学储能单元，是由电池组、电池管理系统及与其相连的功率变换系统组成的最小储能系统。

1.12　光伏矩阵

由多个光伏组件（太阳能电池板）通过串联和并联方式组合而成的直流发电单元。

1.13　并网电源

并入电网中的发电设备（包括火电机组、水电机组、风电机组、光热机组、光伏矩阵等，不包括储能单元）。

1.14　分布式电源

位于用户附近，所发电能就地利用，以 10 千伏及以下（部分项目可以 35 千伏）电压等级接入电网，且单个并网点总装机不超过 6 兆瓦的发电项目。包括太阳能、风能、天然气、生物质能、资源综合利用发电等类型。

1.15　并网主体

并入电网的各类发电厂（场、站）、用户、微电网、虚拟电厂、储能电站等各类实体。

1.16　用户和负荷

本规程中用户指电力用户，即通过电网消费电能的单位或个人；负荷指电力负荷，即电力用户产生的实时电力消耗。

1.17　并网调度协议

电网企业与电网使用者或电网企业间就调度运行管理所签订的协议，协议规定双方应承担的基本责任和义务，以及双方应满足的技术条件和行为规范。

1.18　电力市场

电力市场指电力生产、传输、使用和销售等环节形成的市场。本规程所指电力市场包括甘肃省内经营主体能够参与的各种电力市场，包括省内及省间中长期市场、省内及省间电力现货市场、区域辅助服务市场、省内辅助服务市场、容量市场等。

1.19 辅助服务

为保证供电安全性、稳定性和可靠性及维护电能质量，需要发电厂（场、站）、储能电站、电网企业和用户提供的一次调频、自动发电控制、调峰、备用、无功电压支撑、黑启动等服务。

1.20 电力系统振荡

电力系统中的电磁参数（电压、电流、功率等）的振幅和机械参数（功角、转速等）的大小随时间发生周期性变化的现象。包括同步振荡、异步振荡、低频振荡、次同步振荡等多种形式。

同步振荡：发电机保持在同步状态下的振荡。

异步振荡：发电机受到较大的扰动，其功角在 0°～360° 间周期性变化发电机与电网失去同步运行状态。

低频振荡：发电机的转速及相关电气量如线路功率、母线电压等发生近似等幅或增幅的振荡，振荡频率一般在0.1赫兹～2.5赫兹。

次同步振荡：振荡频率通常低于同步频率，较容易和大型汽轮发电机轴系的自然扭振频率产生谐振，造成发电机轴扭振破坏的电气振荡现象。

1.21 孤网运行

局部电网脱离大电网独立运行的状态。

1.22 联网运行

局部电网与大电网联网运行的状态。

1.23 并网运行

发电厂（场、站）、储能电站与电网之间或电力用户的用电设备与电网之间连接运行的状态。

1.24 电力技术监督

在电力建设、生产及电能的传输和使用过程中，以安全和质量为中心，依靠科学的标准，利用先进的测试和管理手段，对电力设备及其构成的系统的健康水平及与安全、质量、经济运行有关的重要参数、性能、指标进行监测、检查、验证及评价，以确保其在安全优质经济的工作状态下运行。

1.25 电力监控系统

基于计算机及网络技术的业务系统及智能设备，包括通信及数据网络等，用于监视和控制电力生产及供应过程。

1.26 风电、光伏功率预测

短期功率预测：预测次日零时起未来 72 小时的有功功率，时间分辨率不小于 15 分钟。

超短期功率预测：预测未来 4 小时的有功功率，时间分辨率不小于 15 分钟。

2 调度管理名词

2.1 调度管辖范围

调度机构行使调度指挥权的发、输、变电系统，包括直调范围和许可范围。

2.2 直接调度（简称直调）

值班调度员直接向下级调度机构值班调度员、厂（场）站运行值班人员、值班监控员、输变电设备运维人员发布调度指令的调度方式。

2.3 间接调度

值班调度员通过下级调度机构值班调度员向其他运行人员转达调度指令的方式。

2.4 许可调度（简称许可）

下级调度机构值班调度员、厂（场）站运行值班人员、值班监控员、输变电设备运维人员根据现场实际需要，向省调值班调度员提出申请，得到调度许可后发布指令的调度方式。

2.5 授权调度（简称授权）

调度机构将调管范围内指定设备授权下级调度机构或厂（场）站运行部门调度，其调度安全责任主体为被授权单位。

2.6 越级调度（简称越级）

紧急情况下值班调度员越级下达调度指令给下级调度机构直

调的运行值班单位人员的方式。

2.7　调度同意

值班调度员对下级调度机构值班调度员、厂（场）站运行值班人员、值班监控员、输变电设备运维人员提出的工作申请及要求等予以同意。

2.8　调度关系转移

经两调度机构协商一致，决定将一方直接调管的某些设备的调度指挥权，暂由另一方代替行使。转移期间，设备由接受调度关系转移的一方调度全权负责，直至转移关系结束。

2.9　调度命名

调度机构确定并下达的电力系统中的厂（场）站及设备在电网调度运行管理中使用的统一规范称呼。甘肃电网内厂（场）站及设备的调度命名是其全路径名称中部分内容及其他必要信息的规范组合，用以描述其属性并在甘肃电网内唯一确定指称对象。

3　调度业务名词

3.1　旋转备用

运行正常的发电机维持额定转速、随时可以并网，或已并网但仅带一部分负荷，随时可以利用且不受网络限制的剩余发电有功出力，是用于满足随时变化的负荷波动，以及负荷预计的误差、设备的意外停运等所需的额外有功出力。

3.2　最大/最小技术出力

最大技术出力是指发电机组在稳态运行情况下的最大发电功率。最小技术出力是指发电机组在稳态运行情况下的最小发电功率。

本规程中的最大/最小技术出力均指火电机组技术出力。

3.3　一次调频

通过原动机调速控制系统自动调节发电机组转速和出力，以使驱动转矩随系统频率而变动，从而对频率变化产生快速阻尼作用，是并网机组必须具备的功能。

3.4 二次调频

运行人员手动操作或由 AGC 系统自动操作，增减发电机组的有功出力，恢复频率目标值。

3.5 正常蓄水位

水库在正常运用的情况下，为满足兴利要求在供水期开始时应蓄到的高水位（米）。

3.6 设计洪水位

遇到大坝设计标准洪水时，水库坝前达到的最高水位（米）。

3.7 校核洪水位

遇到大坝校核标准洪水时，水库坝前达到的最高水位（米）。

3.8 汛限水位

水库在汛期因防洪要求而确定的兴利蓄水的上限水位（米）。

3.9 死水位

在正常运用情况下，允许水库消落的最低水位（米）。

3.10 年消落水位

多年调节水库在水库蓄水正常情况下允许年度消落的最低水位（米）。

3.11 紧急情况

电网发生事故或者发电、供电设备发生重大事故，电网频率或电压超出规定范围、输变电设备负载超过规定值、主干线路功率值超出规定的稳定限额以及其他威胁电网安全运行，有可能导致电网稳定破坏、电网瓦解、大面积停电的情况。

3.12 不可抗力

不能预见、不能避免、不能克服的客观情况。包括：火山爆发、龙卷风、海啸、暴风雪、泥石流、山体滑坡、水灾、火灾、来水达不到设计标准、超设计标准的地震、台风、雷电、雾闪等，以及核辐射、战争、瘟疫、骚乱等。

3.13 发电设备检修等级

依据《燃煤火力发电企业设备检修导则》（DL/T 838），发电厂

（场、站）机组检修按检修规模和停用时间分为 A、B、C、D 四个等级：

A 级检修：对发电机组进行全面的解体检查和修理，以保持、恢复或提高设备性能。

B 级检修：对机组某些设备存在问题，对机组部分设备进行解体检查和修理。B 级检修可根据机组状态评估结果，有针对性地实施部分 A 级检修项目或定期滚动检修项目。

C 级检修：根据设备的磨损、老化规律，有重点地对机组进行检查、评估、修理和清扫。C 级检修可进行少量零部件的更换、设备的消缺、调整、预防性试验等作业以及实施部分 A 级检修项目或定期滚动检修项目。

D 级检修：机组总体运行状况良好，对主要设备的附属系统和设备进行消缺。D 级检修除进行附属系统和设备的消缺外，还可根据设备状态的评估结果，安排部分 C 级检修项目。

3.14　计划、临时检修

计划检修：纳入月度设备检修计划，并办理计划检修票的设备检修工作。

临时检修：未纳入月度设备检修计划，但办理临时检修票的设备检修工作。

3.15　负荷控制措施

为保障电网的安全稳定运行、维护供用电秩序平稳，采用经济、行政、技术等手段，对电力负荷采取的调节、控制、运行优化的措施。负荷控制措施包括错峰、避峰、需求响应、有序用电、限电、拉闸等。

错峰：将高峰时段的用电负荷转移到其他时段，通常不减少电能使用。

避峰：在高峰时段削减、中断或停止用电负荷，通常会减少电能使用。

需求响应：通过经济激励为主的措施，引导用户根据电力系统运行需要自愿调整用电行为的措施。

有序用电：在可预知电力供应不足等情况下，在采取市场组织、需求响应、应急调度等措施后，仍无法满足电力电量供需平衡时，通过行政措施和技术方法，依法依规控制部分用电负荷，维护供用电秩序平稳的管理工作。具体实施方案参见甘肃省工信厅批准下发的《甘肃省有序用电方案》。

限电：在特定时段限制某些用户的部分或全部用电需求。

拉闸：各级调度机构发布调度命令，切除部分用电负荷。

在电网发生紧急情况时，为保证电网安全、防止事故范围扩大或电网崩溃，可采取限电和拉闸措施。

3.16 工作人员

值班调度员：事件发生时正在工作场所值班的电力调度机构电力调度员。本规程中如无特别说明，调度员指电力调度员；其他专业调度业务工作人员有前缀注明，如通信调度员。

值班监控员：事件发生时正在工作场所值班的设备运维单位监控员。

厂（场）站运行值班人员：事件发生时正在发电厂（场、站）、储能电站、变电站现场值班，负责设备运行相关工作的人员。

输变电设备运维人员：输变电设备运维单位工作人员，事件发生时不一定在事件现场。

自动化值班人员：事件发生时，正在值班的负责电力调度机构所使用调度自动化系统技术支持的工作人员。

4 名词缩写

4.1 AGC

自动发电控制（auto generation control）。通过自动控制程序，实现对控制区内各发电机组有功出力的自动分配调节，以维持系统频率、联络线交换有功功率在计划目标范围内的控制过程。

4.2　AVC

自动电压控制（auto voltage control）。通过自动控制程序，在控制区内自动闭环控制无功和电压调节设备，以实现合理无功电压分布的控制过程。

4.3　OMS

指操作管理系统（operation management system）。能够承载拟写调度操作票、记录操作令、网络化下令时的发令与收令等功能。

4.4　SCADA

数据采集与监视控制系统（supervisory control and data acquisition）。作为能量管理系统的一部分，能够承载电压、电流等电网实时运行数据以及一二次设备的状态的采集与监视，以及 AGC、AVC 指令下发等功能。

4.5　ACE

电网区域控制偏差（area control error）。反映被控区域与外网联络线（或多条联络线的集合断面）实际交换有功率与计划交换有功功率的偏差。依据不同控制方式，该偏差值还与频率偏差有关。

4.6　PSS

电力系统稳定器（power system stabilizer）。

4.7　PT

电压互感器（potential transformer）。

4.8　CT

电流互感器（current transformer）。

4.9　SVC

静止无功补偿器（static var compensator）。

4.10　SVG

静止无功发生器（static var generator）。

4.11　SCUC

安全约束机组组合（security constraint unit commitment）。

4.12　SCED

安全约束经济调度（security constraint economic dispatch）。

4.13　GOOSE

面向通用对象的变电站事件（generic object oriented substation event）。

4.14　SV

采样值（sample value）。

4.15　PMU

相量测量单元（phasor measurement unit）。

4.16　WAMS

广域监测系统（wide area measurement system）。

附录B　设备状态释义

1　输变电设备状态定义

1.1　检修

设备的所有开关、刀闸均拉开，合上接地刀闸（或挂接地线），根据相关运行、检修规程做好安全措施。

1.2　备用

泛指设备处于完好状态，所有安全措施全部拆除，接地刀闸在拉开位置，随时可以投入运行。

1.3　热备用

指设备（不包括带串补装置的线路和串补装置）开关拉开，刀闸合上。如无特殊要求，设备保护应投入。带串补装置的线路，线路刀闸合上，其他状态同上。

1.4　冷备用

指设备开关拉开，两侧刀闸拉开，相关接地刀闸拉开或接地线拆除。

1.5　运行

指设备（不包括串补装置）的开关及刀闸合上，将电源至受电端的电路接通，设备保护投入。

1.6　开关状态

开关运行：安全措施拆除，开关合上，两侧刀闸合上，相应保护投入。

开关热备用：安全措施拆除，开关拉开，两侧刀闸合上，相应保护投入。

开关冷备用：安全措施拆除，开关及两侧刀闸均拉开，两侧接地刀闸拉开。

开关检修：开关及两侧刀闸拉开，开关两侧接地刀闸合上（或挂接地线）。

1.7 输电线路（简称线路）状态

线路运行：安全措施拆除，线路两侧接地刀闸拉开（或接地线拆除，下同），线路两侧出线刀闸合上（仅针对 3/2 接线方式带有出线刀闸的），线路两侧开关运行，相应保护投入。

线路出串运行：对于 3/2 接线方式的厂（场）站，同一串内两条线路边开关断开，仅通过中开关串接运行的方式。

线路热备用：安全措施拆除，线路两侧接地刀闸拉开，线路两侧出线刀闸合上（仅针对 3/2 接线或角型接线带有出线刀闸的），线路两侧开关热备用状态，相应保护投入。

线路冷备用：安全措施拆除，线路两侧接地刀闸拉开，线路两侧出线刀闸均拉开（仅针对 3/2 接线或角型接线带有出线刀闸的），线路两侧开关为冷备用或检修状态；有串补的线路其串补装置应在热备用、冷备用或检修状态。

线路检修：线路两侧出线刀闸均拉开（仅针对 3/2 接线或角型接线带有出线刀闸的），线路两侧开关为冷备用或检修状态，线路两侧接地刀闸合上（或挂接地线）。有串补的线路其串补装置应在热备用、冷备用或检修状态。

1.8 变压器状态

变压器运行：安全措施拆除，变压器各侧接地刀闸拉开（或接地线拆除，下同），变压器各侧出线刀闸合上（仅针对 3/2 接线或角型接线带有出线刀闸的），变压器各侧开关运行，相应保护投入。

变压器热备用：安全措施拆除，变压器各侧接地刀闸拉开，变压器各侧出线刀闸合上（仅针对 3/2 接线或角型接线带有出线刀闸的），变压器各侧开关热备用，相应保护投入。

变压器冷备用：安全措施拆除，变压器各侧接地刀闸拉开，变压器各侧出线刀闸拉开（仅针对 3/2 接线或角型接线带有出线刀闸的），变压器各侧开关为冷备用或检修状态。

变压器检修：变压器各侧出线刀闸拉开（仅针对3/2接线或角型接线带有出线刀闸的），变压器各侧开关为冷备用（或检修状态），变压器各侧接地刀闸合上（或挂接地线）。

1.9 母线状态

母线运行：安全措施拆除，母线接地刀闸拉开（或接地线拆除，下同），母线电压互感器刀闸合上，母线侧至少一个开关运行，相应保护投入。对于双母线或单母分段接线方式，包括合环运行（即并列运行，母联或分段开关运行）和分列运行（母联或分段开关热备用）方式。

母线热备用：安全措施拆除，母线接地刀闸拉开，母线侧所有开关热备用，相应保护投入。

母线冷备用：安全措施拆除，母线接地刀闸拉开，母线侧所有开关为冷备用或检修状态。

母线检修：母线侧所有开关及其两侧刀闸均拉开，合上母线接地刀闸（或挂接地线）。

1.10 串联补偿装置（简称串补）状态

串补运行：安全措施拆除，串补旁路开关拉开，串补两侧刀闸合上，串补旁路刀闸或线路刀闸拉开，串补接地刀闸拉开（或接地线拆除，下同），相应保护投入。

串补热备用：安全措施拆除，串补旁路开关合上，串补两侧刀闸合上，串补接地刀闸拉开，相应保护投入。

串补冷备用：串补两侧刀闸在拉开，串补接地刀闸拉开。

串补检修：串补刀闸拉开，串补接地刀闸合上（或挂接地线）。

1.11 高压电抗器（简称高抗）状态

高抗运行：高抗刀闸合上（对于带开关的高抗，高抗开关合上），高抗接地刀闸拉开（或接地线拆除，下同），相应保护投入。

线路高抗、电压互感器等无单独开关的设备均无热备用状态。

高抗冷备用：安全措施拆除，高抗各侧刀闸拉开，高抗接地刀闸拉开。

高抗检修：高抗各侧刀闸拉开，高抗接地刀闸合上（或挂接地线）。

2 火电、水电发电机组（含发变组）状态定义

2.1 检修

接地刀闸合上（或挂接地线），相连出线刀闸拉开（如未装设机组/发变组出线刀闸，则机组/发变组相连开关为冷备用及以下状态）。

2.2 冷备用

安全措施拆除，接地刀闸拉开（或接地线拆除，下同），相连出线刀闸拉开（如未装设机组/发变组出线刀闸，则机组/发变组相连开关为冷备用及以下状态）。

2.3 热备用

安全措施拆除，相应保护投入，接地刀闸拉开，相连出线刀闸合上，机组/发变组相连开关至少有一个热备用状态。

2.4 运行

安全措施拆除，相应保护投入，接地刀闸拉开，相连出线刀闸合上，机组/发变组相连开关至少有一个运行状态。

2.5 停备

发电机组与电网解列并停止运行，机组处于完好状态，随时可以启动并网，投入运行。

2.6 发电机无励磁运行

运行中的发电机失去励磁后，从系统吸收无功异步运行。

2.7 进相运行

发电机或调相机定子电流相位超前其电压相位运行，发电机吸收系统无功。

2.8 调相运行

发电机不发出有功功率，只用来向电网输送无功功率的运行状态。

2.9　空载运行

发电机已并列，但未接带负荷。

2.10　甩负荷

带负荷运行的发电机所带负荷突然大幅度降至某一值。

2.11　提门备用

水力发电机组与电网解列并停止运行，机组处于完好状态，机组进水口工作闸门在开启状态。

2.12　落门备用

水力发电机组与电网解列并停止运行，机组处于完好状态，机组进水口工作闸门在关闭状态。

附录C　调度操作术语释义

1　倒闸操作基本术语

1.1　委托操作

上级调度管辖的输变电设备由上级调度委托下级调度操作。

1.2　许可操作

由各级调度管辖的发电厂（场、站）、储能电站、变电站等站内设备操作，由厂（场）站运行操作人员提出操作要求，各级调度值班调度员许可其操作，不再发布操作指令。

1.3　操作指令

值班调度员对下级调度机构值班调度员、厂（场）站运行值班人员、值班监控员、输变电设备运维人员发布的有关运行和操作的指令。

1.4　单项操作令（简称单项令）

调度员向受令人发布的单一项操作的指令。

1.5　逐项操作令（简称逐项令）

调度员向受令人发布的操作指令是具体的逐项操作步骤和内容，要求受令人按照指令的操作步骤和内容逐项进行操作。

1.6　综合操作令（简称综合令）

调度员给受令人发布的不涉及其他厂（场）站配合的综合操作任务的调度指令。其具体的逐项操作步骤和内容以及安全措施，均由受令人自行按规程拟订。

1.7　状态操作令（简称状态令）

值班调度员下达的仅明确设备初态和终态一种操作指令。具体操作步骤由值班监控员、厂（场）站运行值班人员、输变电设备运维人员依据调度机构发布的状态定义和相关规程拟定。逐项操作令和综合操作令可采用状态令形式填写。

1.8 发布指令（简称发令）

值班调度员正式向受令人发布调度指令。

1.9 接受指令（简称受令）

受令人正式接受值班调度员所发布的调度指令。

1.10 监控转令（简称转令）

调度员下达操作指令至监控员后，监控员转发至现场操作人员执行。

1.11 复诵指令（简称复诵）

值班调度员发布调度指令时，受令人重复指令内容以确认正确受令的过程。

1.12 回复指令（简称回令）

受令人在执行完值班调度员发布的调度指令后，向值班调度员报告已经执行完调度指令的步骤、内容和时间等。

1.13 预令

对于计划性操作，调度员提前下达的预备性操作指令，监控员和现场操作人员根据所接受的预备性操作指令准备相应操作内容，严禁执行操作。

1.14 正令

对于计划性操作，调度员正式下达的操作指令，监控员和现场操作人员根据所接受的操作指令执行操作。

1.15 配合操作申请

需要上级调度机构的值班调度员进行配合操作时，下级调度机构的值班调度员根据电网运行需要提出配合操作申请。

1.16 配合操作回复

上级调度机构的值班调度员同意下级调度机构的值班调度员提出的配合操作申请，操作完毕后，通知提出申请的值班调度员配合操作完成情况。

2 电网、发电设备操作术语

2.1 并列

两个单独电网合并为一个电网运行，或将发电机（调相机）并入电网运行。

2.2 解列

将一个电网分成两个电气相互独立的部分运行，或将发电机（调相机）与电网解除电气联系。

2.3 零起升压

给设备由零起逐步升高电压至预定值或直到额定电压，以确认设备无故障。

2.4 零起升流

电流由零逐步升高至预定值或直到额定电流。

2.5 停备

发电机由运行转为备用状态。

2.6 紧急停机（拍停）

电网发生故障或出现异常时，将运行机组以手动打闸或按“紧急停机”按钮停机。

2.7 滑参数停机（滑停）

一机一炉单元并列情况下，使锅炉蒸汽参数以一定速度随汽轮机负荷下降而下降的停机方式。

2.8 发电改调相

发电机由发电状态改为调相运行。

2.9 调相改发电

发电机由调相运行改为发电状态。

2.10 开启泄流闸门

根据需要关闭溢流坝的工作闸门，包括大坝泄流中孔、底孔或泄洪洞、排沙洞等工作闸门。

2.11 关闭泄流闸门

根据需要关闭溢流坝的工作闸门，包括大坝泄流中孔、底孔或泄洪洞、排沙洞等工作闸门。

2.12 风电机组/光伏矩阵/储能单元退出备用

将风电机组/光伏矩阵/储能单元由具备立即投入运行的条件转入不具备立即投入运行的状态（停机、检修等状态）。

2.13 风电机组/光伏矩阵/储能单元恢复备用

将风电机组/光伏矩阵/储能单元由不具备立即投入运行的条件转入具备立即投入运行的条件（启动、待机等状态）。

3 输变电设备操作术语

3.1 合环

将电气环路用开关或刀闸进行闭合的操作。

3.2 解环

将电气环路用开关或刀闸进行断开的操作。

3.3 充电

不带电设备与电源接通，设备带标称电压但不接带负荷。

3.4 验电

用校验工具验设备是否带电。

3.5 放电

设备停运后，用工具将电荷放去。

3.6 核相

用仪表或其他手段检测两电源或环路相位、相序是否相同。

3.7 定相

新（改、扩）建设备在投运前，核对其三相标志与运行系统是否一致。

3.8 试运行

设备启动试验结束后，试运行一段时间，验证设备的性能。

3.9 带电巡线

对带电或停运未采取安全措施的线路进行巡视。

3.10 带电作业

对带电或停运未做安全措施的设备进行检修。

3.11 故障巡线

线路发生故障后，为查明故障原因进行的巡线。

3.12 接引线

将设备引线或架空线的跨接线接通。

3.13 拆引线

将设备引线或架空线的跨接线拆断。

3.14 保护改定值

将设备的保护定值、控制字按照调度机构要求修改。

3.15 倒母线

设备母线刀闸从一条母线倒换至另一条母线。

3.16 旁代

用旁路开关代替其他开关运行或备用。

附录 D　典型调度倒闸操作命令

1　典型倒闸操作命令

1.1　开关、刀闸操作

合上××（开关命名）开关。

断开××（开关命名）开关。

合上××（设备或开关命名）××（刀闸编号）刀闸。

拉开××（设备或开关命名）××（刀闸编号）刀闸。

同期合上××（设备命名）××（开关编号）开关（并列或合环操作）。

××开关由运行转热备用。

××开关由热备用转运行。

××开关由热备用转冷备用。

××开关由冷备用转热备用。

××开关由冷备用转检修。

××开关由检修转冷备用。

××开关由运行转冷备用。

××开关由冷备用转运行。

××开关由热备用转检修。

××开关由检修转热备用。

××开关由运行转检修。

××开关由检修转运行。

注：下达跨多个状态的操作指令时，现场按规程分解为多个相邻状态间状态转换的操作指令进行操作，下同。

1.2　接地刀闸（接地线）操作

合上××（设备或线路命名）××（刀闸编号）接地刀闸。

拉开××（设备或线路命名）××（刀闸编号）接地刀闸。

拆除××（挂接地线地点）地线（×）组。

在××（挂接地线地点）挂地线（×）组。

1.3 变压器操作

××变压器（主变）由运行转热备用。

××变压器（主变）由热备用转运行。

××变压器（主变）由热备用转冷备用。

××变压器（主变）由冷备用转热备用。

××变压器（主变）由冷备用转检修。

××变压器（主变）由检修转冷备用。

××变压器（主变）由运行转冷备用。

××变压器（主变）由冷备用转运行。

××变压器（主变）由热备用转检修。

××变压器（主变）由检修转热备用。

××变压器（主变）由运行转检修。

××变压器（主变）由检修转运行。

1.4 母线操作

××千伏×母线由运行转热备用。

××千伏×母线由热备用转运行。

××千伏×母线由热备用转冷备用。

××千伏×母线由冷备用转热备用。

××千伏×母线由冷备用转检修。

××千伏×母线由检修转冷备用。

××千伏×母线由运行转冷备用。

××千伏×母线由冷备用转运行。

××千伏×母线由热备用转检修。

××千伏×母线由检修转热备用。

××千伏×母线由运行转检修。

××千伏×母线由检修转运行。

将××元件（线路、主变、发变组等）以不停电方式由××千伏 Y 母线倒至××千伏 Z 母运行。

将××千伏 Y 母线运行元件全部倒至××千伏 Z 母线运行。

备注：××千伏 Y 母线的××热备用元件需倒至××千伏 Z 母线热备用时，应先将该元件转为冷备用状态后，再转至××千伏 Z 母线热备用。

××千伏××母线由检修/冷备用/热备用转运行，××千伏母线恢复正常运行方式（该指令指停电母线送电正常后，将该母线停电前所带元件倒回该母线运行/热备用）。

1.5 线路操作

××线由运行转热备用。

××线由热备用转运行。

××线由热备用转冷备用。

××线由冷备用转热备用。

××线由冷备用转检修。

××线由检修转冷备用。

××线由运行转冷备用。

××线由冷备用转运行。

××线由热备用转检修。

××线由检修转热备用。

××线由运行转检修。

××线由检修转运行。

备注：当线路主保护配置纵联保护（差动保护），线路一侧运行，另一侧为冷备用状态时，应确保冷备用侧纵联保护（差动保护）在投入状态。

1.6 动态无功补偿装置

×× SVC（或 SVG）由运行转热备用。

×× SVC（或 SVG）由热备用转运行。

×× SVC（或 SVG）由热备用转冷备用。

××SVC（或SVG）由冷备用转热备用。

××SVC（或SVG）由冷备用转检修。

××SVC（或SVG）由检修转冷备用。

××SVC（或SVG）由运行转冷备用。

××SVC（或SVG）由冷备用转运行。

××SVC（或SVG）由热备用转检修。

××SVC（或SVG）由检修转热备用。

××SVC（或SVG）由运行转检修。

××SVC（或SVG）由检修转运行。

1.7 串补装置

合上××开关，××串补装置退出运行。

断开××开关，××串补装置投入运行。

××串补装置由热备用转冷备用。

××串补装置由冷备用转热备用。

××串补装置由冷备用转检修。

××串补装置由检修转冷备用。

1.8 高压电抗器

××高压电抗器由运行转热备用。

××高压电抗器由热备用转运行。

××高压电抗器由热备用转冷备用。

××高压电抗器由冷备用转热备用。

××高压电抗器由冷备用转检修。

××高压电抗器由检修转冷备用。

××高压电抗器由运行转冷备用。

××高压电抗器由冷备用转运行。

××高压电抗器由热备用转检修。

××高压电抗器由检修转热备用。

××高压电抗器由运行转检修。

××高压电抗器由检修转运行。

注意：无专用开关的线路高压电抗器无热备用状态。

1.9　低压电抗器/电容器

××低压电抗器/电容器由运行转热备用。

××低压电抗器/电容器由热备用转运行。

××低压电抗器/电容器由热备用转冷备用。

××低压电抗器/电容器由冷备用转热备用。

××低压电抗器/电容器由冷备用转检修。

××低压电抗器/电容器由检修转冷备用。

××低压电抗器/电容器由运行转冷备用。

××低压电抗器/电容器由冷备用转运行。

××低压电抗器/电容器由热备用转检修。

××低压电抗器/电容器由检修转热备用。

××低压电抗器/电容器由运行转检修。

××低压电抗器/电容器由检修转运行。

1.10　保护操作

××（设备命名）××（保护型号）保护按规定投入。

××（设备命名）××（保护型号）保护按规定退出。

××线××（保护型号）保护纵联（差动）功能按规定投入。

××线××（保护型号）保护纵联（差动）功能按规定退出。

××线××（保护型号）保护远跳功能按规定投入。

××线××（保护型号）保护远跳功能按规定退出。

××（设备命名）××（保护型号）保护改投信号。

××（设备命名）××（保护型号）保护改投跳闸。

××母差保护（保护型号）保护定值由并列改为分列方式。

××母差保护（保护型号）保护定值由分列改为并列方式。

1.11　重合闸投退及改变重合闸方式

××线重合闸按规定投入。

××线重合闸按规定退出。

××线重合闸按×方式投入运行。

××线重合闸由Y方式改投Z方式。

重合闸投入方式包括：单重、三重、综重、直跳、检同期、检无压等。

1.12 稳控装置操作

××（稳控装置命名）稳控装置（具有多套同型号稳控时带有装置序号，下同）按规定投入。

××（稳控装置命名）稳控装置按规定退出。

××（稳控装置命名）稳控装置按规定投入，至××变电站通道不投。

××（稳控装置命名）稳控装置至××变电站通道按规定投入。

××（稳控装置命名）稳控装置至××变电站通道按规定退出。

××（稳控装置命名）稳控装置合环方式压板按规定投入。

××（稳控装置命名）稳控装置合环方式压板按规定退出。

××（稳控装置命名）稳控装置××切机功能按规定投入。

××（稳控装置命名）稳控装置××切机功能按规定退出。

1.13 发电机组/发电单元操作

××机组（同期）并网。

××机组解列（适用于正常情况下滑参数停机）。

××机组紧急停机（适用于紧急情况下手动打闸）。

××线所带××台风机/光伏矩阵/储能单元退出备用（该操作指将发电单元转至停机或检修状态）。

××线所带××台风机/光伏矩阵/储能单元恢复备用（该操作指将发电单元转至待机或启动状态）。

×机组/发电单元有功出力调整至××万千瓦。

2 新（改、扩建）设备启动调度指令

××开关由冷/热备用转运行向××线充电（充电前投入开关充电保护，完成充电后退出开关充电保护）。

××开关由冷/热备用转运行向××千伏××母线充电（充电前

投入开关充电保护，完成充电后退出开关充电保护）。

××开关冷/热备用转运行，对××主变/电容/电抗充电。

3 故障处置操作调度指令

合上××开关对××线路/母线/主变/高抗试送电（设备跳闸后变电站试送电）。

远方遥控合上××变××开关对××线试送电（线路跳闸后远方遥控试送电）。

远方遥控合上/断开××变××开关（配合故障处置）。

4 其他调整指令

4.1 电压调整

××电厂机组无功出力加至最大（迟相运行）。

××电厂机组进相运行，××母线电压按××千伏控制。

××电厂动态无功补偿设备切换至××模式，××母线电压按××千伏控制。

将××变压器××（高压或中压）侧分接头由 Y 档调至 Z 档。

4.2 孤网运行调整

4.2.1 系统孤网运行期间由××厂负责调频、调压。

注：局部电网与主网解列孤网运行时由调度机构临时指定某厂负责局部电网调频、调压。

4.2.2 系统孤网运行期间××单位负责频率、电压监视和调整。

注：局部电网与主网解列孤网运行时，由省调指定单独运行电网中某一调度机构临时负责局部电网的频率、电压监视和调整。

4.3 负荷控制措施

4.3.1 ×分钟内限去超用负荷（或将负荷控制在××万千瓦以下）。

注：通知用户或下级调度机构值班调度员在规定时间自行减去比用电指标高出部分的负荷，用于对有序用电执行不到位单位下令。

4.3.2 ×分钟内按事故限电（或拉闸）顺序限制（或切除）××万

千瓦负荷。

注：通知运行人员或下级调度机构值班调度员在规定时间按事故限电（或拉闸）顺序限制（或切除）不少于指定数量负荷，用于事故情况下紧急限电，必要时可以拉闸。